岩溶地区公路桥梁桩基
设计与施工技术

王中文　汪华斌　刘志峰　孙向东　等　著

北　京

内 容 简 介

　　岩溶地区公路桥梁桩基处于各种复杂的水文地质和工程地质岩体中,安全、优质、快速、不留后患地修建桥梁桩基非常困难。本书结合大量实践资料进行探索和分析,系统开展岩溶地区公路桥梁桩基设计理念与施工技术研究。本书以广东江肇高速公路和肇花高速公路岩溶地区的桥梁桩基设计与施工技术为重点研究对象,结合岩溶地质现象的主要特征和表现形式,在系统收集国内外相关岩溶桩基设计理论与计算分析方法、施工技术的基础上,以数值模拟和工程实践的成果总结为前提,完成岩溶地区桩基承载力影响因素与特性分析,系统厘定岩溶地区桥梁桩基设计理论、计算方法与施工技术。这些阶段性研究成果进一步凝练后形成本书,主要包括岩溶地区工程地质勘察、溶洞顶板稳定性理论研究、岩溶地区桥梁桩基承载特性理论分析和计算以及工程应用、岩溶地区桥梁桩基施工与检测技术等,为岩溶地区公路桥梁桩基设计与施工提供技术支撑和参考。

　　本书可作为从事桩基工程和道路桥梁工程设计、施工、监理与管理的工程技术人员和科研人员以及相关高等院校教师和学生参考用书。

图书在版编目(CIP)数据

岩溶地区公路桥梁桩基设计与施工技术/王中文等著. —北京:科学出版社,2015.6

ISBN 978-7-03-045044-9

Ⅰ.①岩… Ⅱ.①王… Ⅲ.①岩溶区-公路桥-桥梁基础-桩基础-桥梁设计② 岩溶区-公路桥-桥梁基础-桩基础-桥梁施工 Ⅳ.①U448.143.15

中国版本图书馆 CIP 数据核字(2015)第 131478 号

责任编辑:牛宇锋 陈姣姣 / 责任校对:郭瑞芝
责任印制:张 倩 / 封面设计:王 浩

科 学 出 版 社 出版
北京东黄城根北街 16 号
邮政编码:100717
http://www.sciencep.com

文林印务有限公司 印刷
科学出版社发行 各地新华书店经销

*

2015 年 6 月第 一 版　　开本:720×1000 1/16
2015 年 6 月第一次印刷　　印张:10 3/4
字数:204 000
定价:80.00 元
(如有印装质量问题,我社负责调换)

序

随着我国"西部大开发"战略的实施,公路、铁路建设走向山区,且山区公路、铁路交通工程的修建经常处于岩溶地区,溶洞给桥梁墩台基础带来很大危害,岩溶地区桥梁桩基处于各种复杂的水文地质和工程地质岩体中,安全、优质、快速、不留后患地修建桥梁桩基非常困难。因此,必须量测、摸清每根桩周围及桩尖溶洞形状和溶腔内充填物的物理力学性质而进行加固处理。作者是现场的施工者,也是岩溶地区桩基的研究者,结合大量实践资料进行探索和分析,并在现阶段编著出版《岩溶地区公路桥梁桩基设计与施工技术》一书,非常及时且又符合当前我国山区公路工程建设的需要。

在国外,对岩溶地区桩基设计与施工的研究深度不够,全部用大量混凝土对溶洞进行填充,尚未全面系统地开展岩溶地区桩基设计与施工研究工作;在国内,这方面研究基本处于起步阶段,学术研究只见零星报道。该专著的出版发行,将对这门科学的深入研究起到"抛砖引玉"的作用。

全书由浅入深,全面分析桥梁桩基设计与施工期间的各方面难题,如岩溶工程地质勘察、溶洞顶板稳定性分析、岩溶桩基承载特性以及岩溶地区各种桩基设计与施工技术,具有系统性、先进性和可操作性,对推广岩溶桩基设计与施工技术有很大的工程实用价值。

在岩溶地区需要修建大量的桥梁工程,作为一个桥梁工作者,一定要掌握这门科学。人们都认识到在桥梁桩基施工之前搞清桩位地质情况的重要性,而桥梁桩基处在岩溶地区时尤为重要。如今,岩溶地区桥梁桩基灾害处治技术已逐渐成熟和完善。在岩溶地区进行桩基设计与施工之前,必须对桥位岩溶情况进行勘测、分析和研究,才能克服岩溶桩基施工过程中的盲目性。显然,本书的出版发行为该项技术的总结和推广应用提供了前提和条件。岩溶地区桥梁桩基设计与施工技术人员有必要按照该书的论述去认真研究。这也是我写这篇序的由衷。

中国工程院院士 北京交通大学教授

2014 年 10 月于北京

前　　言

　　我国岩溶地区,若按可溶岩分布面积计达 344 万 km²,约占国土面积的三分之一;若按碳酸盐岩出露面积计达 90.7 万 km²,接近国土面积的十分之一。岩溶地区主要分布在南方的云南、贵州、广西、四川、湖南、湖北、广东一带,以及北方的山西、山东、河南、河北一带。就广东地区而言,该地区地处祖国南疆,东南临海,地壳表层多半是沉积而成,石灰岩、白云岩、石膏等岩层分布广泛。由于地下水和地表水的长期作用,这些岩层产生溶蚀,以致沿岩层的构造形成各种岩溶现象。由于这些岩溶地带被其后来次生的风化或残积物所填充和覆盖,深埋于地下,所以对于岩溶地区上部建筑物来说,成为隐蔽或半隐蔽式的病害,如果将工程建筑在其上,势必造成潜伏隐患,直接影响施工的质量和安全。

　　地理位置和气候特征造就了广东地区岩溶地质的特殊工程性质,多表现为溶蚀、溶沟、溶槽、中小型串球状洞穴或单个小型洞穴,裂隙较为发育且规律性不强等特点,具有明显的区域性特征,这些给岩溶地区桩基的设计、施工带来了很大的难度;在造价、工程特点、管理体系等方面的特殊性,也给岩溶地区桩基的质量控制带来了巨大的挑战。这些因素使得广东地区在目前的公路建设中,特别是高等级公路建设中,设计、施工和管理等方面仍出现质量问题和质量隐患,如岩溶地区桩基处理方法选择不当,造成岩溶病害或者是资金的浪费;施工过程安排不科学,导致施工质量出现隐患或者是延误工期;施工管理不到位,使得信息流通不畅,未能将质量事故消灭在萌芽中或者是错过最佳处理时间;检测技术和方法有待进一步完善和改进等。

　　本书在广东省交通运输厅政府引导项目“广东省岩溶地区桩基设计、施工技术地方规定研究”的支持下,以广东省江肇高速公路和肇花高速公路岩溶地区的桥梁桩基设计与施工技术为重点研究对象,结合广东省岩溶地质现象的主要特征和表现形式,在系统收集国内外相关岩溶桩基设计理论与计算分析方法、施工技术的基础上,以数值模拟和工程实践的成果总结为前提,完成岩溶地区桩基承载力影响因素与特性分析,系统厘定岩溶地区桥梁桩基设计理论、计算方法与施工技术。这些阶段性研究成果进一步凝练后,形成本书,为高速公路岩溶地区桥梁桩基设计与施工提供技术支撑和参考。

　　本书以岩溶地区公路桥梁桩基的设计与施工技术为主线展开,各章具体内容如下:第 1 章介绍岩溶地区桥梁桩基设计计算以及施工关键技术的国内外研究现状,阐述具体的研究内容和技术方法路线;第 2 章简单地介绍岩溶地质现象和岩溶地质灾害,系统阐述岩溶地质条件的勘察技术方法,提出适合于特定岩溶地质现象勘察的组合方法;第3章针对溶洞顶板稳定性研究,根据岩溶顶板的形状和裂隙发育程度将其简化为固支圆板模型、简支圆板模型、固支矩形板模型和简支矩形板模型四种,系统开展不同受力力学特性分析,提出基于 Hoek-Brown 准则的顶板安全厚度验算公式,并通过实例分析和数值模拟与理论计算探讨验算公式的准确性;第4章首先开展大桩径小溶洞和小桩径大溶洞情况下岩溶地区桩基承载特性理论分析,并结合数值模拟计算分析,探讨岩溶桩基承载特性的影响因素,初步提出岩溶地区桥梁桩基承载力修正公式;第5章结合溶洞顶板厚度和相互制约条件下嵌岩深度对桩基承载力影响分析,提出岩溶地区桩基设计理念;第6章以广东省江肇高速公路西江特大桥南引桥桩基的设计为实例,探讨岩溶塌陷灾害发生后桩基承载特性,并提出相应的处治技术措施以及设计新方案的比选;第7章系统提出岩溶地区公路桥梁桩基施工过程中不良岩溶地质现象的处治技术措施,并结合实例分析提出岩溶地区桩基施工过程控制与质量监控基本流程;第8章结合典型的岩溶地区桥梁桩基承载力的自平衡实验结果,系统探讨不同试验条件下岩溶地区桥梁桩基承载特性;第9章是结论与建议。各章节撰写分工如下:第1章由王中文和汪华斌撰写;第2章由王中文、汪华斌和郑必灿撰写;第3章由汪华斌和赵文峰撰写;第4章由汪华斌、周博、赵文峰和孙向东撰写;第5章由孙向东和周博撰写;第6章由汪华斌、孙向东和倪伟杰撰写;第7章由王中文、刘志峰、汪华斌 、周博和苏年就撰写;第8章由刘志峰、刘彦峰、马远刚和苏年就撰写;第9章由王中文、汪华斌、刘志峰和孙向东撰写。

　　本书的研究工作得到国家自然科学基金(编号:41372296)、"十二五"国家科技支撑计划项目(编号:2012BAK10B02)部分经费的支持,同时得到了广东省交通运输厅政府引导项目和广东省长大公路工程有限公司、广东省公路勘察规划设计院股份有限公司等的大力支持,广东江肇 G13 标段项目部、广清高速公路项目部和肇花项目部为本书的研究提供了许多详细的资料,部分研究成果与他们的辛勤劳动和卓有成效的建议是分不开,在此一并致谢。

作　者

2015 年 4 月于广州

目　　录

第1章 绪　　论

1.1　研 究 背 景

岩溶是水对可溶岩石的化学溶解作用与机械破坏作用以及由于这些作用所引起的各种现象的总称。岩溶的发生、发展须具备一定的条件。虽然条件是多方面的,但其中主要是岩石的可溶性与裂隙性,以及水的侵蚀性和流通条件。前者属岩性与地质构造问题;后者主要取决于水文地质及地貌条件。

我国岩溶地区,若按可溶岩分布面积计达 344 万 km²,约占国土面积的三分之一;若按碳酸盐岩出露面积计达 90.7 万 km²,接近国土面积的十分之一。岩溶地区主要分布在南方的云南、贵州、广西、四川、湖南、湖北、广东一带,以及北方的山西、山东、河南、河北一带。就广东地区而言,该地区地处祖国南疆,东南临海,地壳表层多半是沉积而成,石灰岩、白云岩、石膏等岩层分布广泛。由于地下水和地表水的长期作用,这些岩层产生溶蚀,以致沿岩层的构造形成各种岩溶现象。由于这些岩溶地带被其后来次生的风化或残积物所填充和覆盖,深埋于地下,对于公路工程来说,成为隐蔽式或半隐蔽式的病害。如果将工程建筑在其上,势必造成潜伏隐患,直接影响施工的质量和安全。

长期以来,广东省交通运输厅有关部门一直十分注重广东岩溶地区桥梁桩基处理方面的技术改进和创新。尽管各级主管部门都很重视岩溶地区桥梁桩基处理的质量控制问题,也取得了许多成果,但是,由于广东地处我国南部,地理位置和气候特征造就了广东岩溶地质的特殊工程性质,多表现为溶蚀、溶沟、溶槽、中小型串球状洞穴或单个小型洞穴,裂隙较为发育,且规律性不强的特点等,具有明显区域性特征,这些给岩溶地区桥梁桩基的设计、施工带来了很大的难度;再加之在造价、工程特点、管理体系等方面的特殊性,更给岩溶地区桩基的质量控制带来了巨大的挑战,使得在目前的公路建设中,特别是高等级公路建设中,在设计、施工和管理等方面仍出现质量问题和质量隐患。例如,岩溶地区桥梁桩基处理方法选择不当,造成岩溶病害或者是资金的浪费;施工过程安排不科学,导致施工质量出现隐患或者是延误工期;施工管理不到位或应急处理预案不完善,使得信息流通不畅未能将质量事故消灭在萌芽中或者是错过最佳处理时间等,检测技术和方法有待进一步完善和改进。

1.2　国内外研究现状

岩溶地区桩基设计与施工技术理论和工程实践方面的主要研究成果集中在：岩溶勘察技术手段和方法、岩溶地区桩基顶板稳定性评价、岩溶桩基承载特性研究、基桩检测技术以及桥梁桩基施工与安全监控等方面。

目前，国内外的岩溶地质灾害探测方法主要包括：地面地质调查、浅层地震法、电法(电测探法、高密度电阻率法、瞬变电磁法、地质雷达、CSAEM法)、重力勘探、遥感信息技术、放射性测量-测井、CT扫描、管波等方法。岩溶现象是公路勘察、设计和施工中经常遇到的不良地质灾害，对工程建设的危害极大。在特定的范围内，由于岩溶发育的复杂性，需要采用多种勘察手段因地制宜地进行综合勘查，避免单方法、单参数的多解性和局限性所造成的缺陷，以最大限度地发挥各种勘探方法的优点，提供可靠的地质资料，提高地质勘察技术水平和效益。

溶洞顶板的稳定性分析包括定性、半定量和定量分析。在分析溶洞稳定性影响因素(包括洞体形态与埋藏条件、岩性及厚度、裂隙发育状况、岩层产状顶板情况、充填情况以及地下水等)的基础上，定性评价各因素组合情况下溶洞顶板稳定性，而溶洞稳定性的定量分析则包括梁模型、拱模型和板模型分析。

单一溶洞的承载力主要用梁、拱模型来进行分析。先根据溶洞的大致尺寸，判断在其上覆岩层中能否形成稳定的压力拱，如不能，则将其顶板作为梁结构，计算其承载力；如能，则因拱的拱底(非结构部分)范围恒包容溶洞于其内，溶洞的裂隙冒落带将以拱底面曲线为其终止界面，故拱的承载力将是该溶洞承载力的下限值。拱模型适用于覆岩较厚、埋深较大的溶洞，此时在溶洞上覆岩层中能形成稳定的压力拱。在板模型分析中，确定岩溶地区桩基持力岩层安全厚度时，其计算模型通常是将持力岩层视为一刚性底板，其上作用一垂直桩端荷载，此时底板可能出现冲切、剪切和弯拉破坏等。

公路桥梁大型桩基单桩承载力设计要求值大，某些单桩极限承载力甚至要求达到15000t以上，现行的测桩方法包括：单桩静载荷试验、动力测桩法、动静结合测桩法和Osterberg自平衡测桩法等(Rao and Ramana，1992；任光勇和张忠苗，2004)。近年来，随着我国工程建设的发展，有关岩溶地区桩基工程的试验和研究内容越来越丰富，包括室内实验室试验、现场试验、理论分析以及数值模拟计算分析等，研究成果提高了我国岩溶地区桩基工程的设计和施工技术水平，同时也促进了我国高速公路建设中桥梁工程施工技术的发展(康厚荣等，2008)。

大直径嵌岩灌注桩是用人工挖孔或机械钻孔，并深入基岩使桩身嵌固岩体中的一种灌注桩。该类桩的特点是能充分发挥桩身强度和岩体承载力,适应性强,承载力高,且能大幅度地降低基础工程费用,在国内外工程界得到普遍推广和应用(刘松玉等,1998;Tan and Chow,2003;黄生根和龚维明,2004)。国内外许多专家学者对端承桩已作了大量的研究工作(刘兴远和郑颖人,1998;刘树亚和刘祖德,1999;Kumar and Walia,2006;骆正荣等,2009;Ching and Chen,2010;王勇刚,2010),但对岩溶发育地区嵌岩灌注桩的承载性状研究报道相对较少(艾凯和王静,2003;龚成中和何春林,2006;朱元武和刘春香,2008;王华牢等,2010)。人工挖孔桩是当前我国大直径桩的主要桩型之一,这种桩的主要优点是成桩质量的可靠性好,质量相对较稳定,与钻孔灌注桩相比,可以减少孔底沉渣厚度,使桩的端承力得到有效的发挥。对于人工挖孔桩承载力计算模式问题尚存在一个误区,就是将人工挖孔桩一律视为端承桩而不计侧阻力。承载力是否考虑侧阻力,应根据桩的长径比、桩端与桩侧土层性质来确定,一般情况下当桩长与桩径比为 6～10 时都应考虑侧阻力。现有设计规范一般都把岩溶地区的桩基视为端承型桩,同时要求桩底持力层基岩的顶板厚度大于 5m,有效嵌岩深度不小于 0.5m。但是,对于长径比较大的人工挖孔嵌岩灌注桩,桩端阻力与桩侧阻力的分担情况如何,只能通过现场静载试验才能得出结论(黄生根等,2004;Seol et al.,2009)。黎斌等(2002)应用三维有限单元法对桩端基础下的溶洞顶板进行应力分析计算,用线弹性模型模拟溶洞在工作荷载下的性状,采用的是 10 结点的四面体单元。为了研究溶洞顶板的稳定性随洞体大小、单桩设计荷载等因素的变化情况,选取了 20 组不同洞体大小和单桩设计荷载对溶洞顶板的稳定性进行计算分析。每输入一组溶洞大小、单桩设计荷载和桩底到溶洞顶部的距离数据,通过 ANSYS 软件可以计算出各结点的主应力值,然后根据 Griffth 强度准则判断溶洞顶板的稳定性。并采用多元线性回归方法求得桩底到溶洞顶部距离临界值与溶洞大小和单桩设计荷载之间的关系式。

针对目前岩溶地区嵌岩灌注桩承载特性研究较少的现状,刘铁雄等提出一种利用室内桩基物理模型进行模拟试验的方案,应用相似原理和桩体与溶洞顶板的作用原理,推导了模型与原型的转换关系;通过正交试验,用相似材料对岩溶地区的灰岩岩体特性进行模拟,并选择一个配方作为模拟顶板的模拟材料,同时把岩溶地区顶板简化为一完整的矩形板,其边界条件为两对边简支,另两对边自由,而把岩溶地区嵌岩灌注桩简化为只承受竖向荷载的端承桩;在自制的桩基物理模型上,对三个模拟顶板试件进行破坏性静载试验,并得出三个试件的顶板极限荷载位移曲线,研究结果表明:顶板模拟材料的特性接近实际灰岩的破坏特性。当溶洞的跨度为 16m,宽度为 10m 时,厚度为 4m 的灰岩顶板的极限荷载超过 3.7×10^7 N。

蔡登山和王邦楣(2002)根据京珠高速公路湖北南段岩溶地区的一根钻孔桩的

详细工艺性试验,结合理论计算分析,对该岩溶地区钻孔灌注桩的承载能力、嵌岩深度及顶板厚度进行了分析研究。由工程中常见的溶洞类型和跨度,取五种计算模型。数据表明,顶板的承载力与其结构形式有着直接的关系,空间板和拱形顶板分别由干边界条件的约束和拱效应,承载力明显大于其他边界相对不太稳定的顶板形式。给出了设计荷载作用下,各类型顶板所要求的临界厚度。在同一荷载作用下,不同的顶板类型所要求的临界厚度存在着差异。

赵明华等(2009)通过对岩石变形特性及其破坏机理的分析,在确定岩溶区桩基持力岩层安全厚度时,将持力岩层视为一刚性底板,其上作用一垂直荷载,提出了底板可能出现冲切、剪切和弯拉破坏时的计算公式。根据抗冲切计算分析结果,认为岩溶区桩基即使忽略下卧层软岩的顶托力,持力层硬岩厚度一般达 2.5 倍桩径,已足够安全;当桩端岩石厚度达到 3 倍桩径时,可满足抗剪切要求。

当工程所处的场地划为极易塌陷区或易塌陷区时,应根据塌陷机理来考虑采取相应的处理措施。当覆盖层具有一定厚度时,设计阶段应优先考虑预应力管桩基础;当设计已提出采用端承型桩基础时,若该桩基底发育大型溶洞或处在溶蚀强烈带上时,可针对不同类型和不同规模的溶洞,采用挖孔、钢护筒跟进、黏土或片石反复充填等措施穿越岩溶地区溶洞层的施工技术(胡伟雄,2006;张豪和吴良木,2006;黄敦,2008)。

虽然国家和地方规范涉及岩溶地区桩基勘察设计、施工与管理相关内容,但不够深刻、不够全面且可操作性不强。针对岩溶地区公路桥梁桩基设计与施工技术规程,目前来看还没有专门的部门或施工单位制定和完成了相关内容的专题研究。《公路桥涵地基与基础设计规范》(JTG D63—2011)规定:当溶洞的顶板厚度大于10m、洞跨小于 5m 时,在顶板完整的情况下,可以不进行处理。桩端持力层之下有软弱下卧层或破碎带和溶洞时,应校核下卧层的承载力,必要时应验算其变形。桩端以下支承岩层的厚度不宜小于 3 倍的桩径且不小于 5m(经验算其冲切承载力足够时,可不受此限制),必要时宜在施工前采取超前钻探探明下卧层的情况[《广东省建筑地基基础设计规范》(DBJ 15-31—2003)]。岩溶地区的桩基应按下列原则设计:当岩面较为平整且上覆土层较厚时,嵌岩深度宜采用 0.2d 或不小于0.2m[《建筑桩基技术规范》(JGJ 94—2008)]。桩端进入持力层的深度,根据地质条件确定,一般为 1~3 倍桩径。嵌岩灌注桩的周边嵌入微风化或中等风化岩体的最小深度不宜小于 0.5m,并要求桩底以下 3 倍桩径范围内无软弱夹层、断裂带、洞隙分布[《建筑地基基础设计规范》(GB 5007—2011)]。

1.3　研究内容和技术路线

在上述国内外现状分析的基础上,针对目前还没有专门的论著完成岩溶地区公路桥梁桩基设计与施工的技术规程,本专著结合广东地区岩溶工程地质条件,全面总结并研究岩溶地区桥梁桩基的地质综合勘察技术和物探方法,提出岩溶地区的工程地质勘察以地质雷达＋钻探＋管波探测法为主,以提高岩溶地质条件勘察的精确性。以弹性力学理论为基础,结合数值模拟方法,研究岩溶地区桩基的嵌岩深度及桩基下溶洞顶板的稳定性。结合理论分析和数值模拟,研究溶洞-岩体-桩基三者之间的关系,建立考虑溶洞影响的桩基设计承载力确定方法,并开展桩基承载力实验方法研究。此外,依托广东省江肇高速公路和肇花高速公路桥梁桩基的设计与施工,应用已取得的研究成果指导岩溶地区的桩基设计,并开展适合岩溶地区的各种桩基处理方法及适用范围的研究,总结不同工况情况下桩基施工发生施工质量事故和质量隐患的可能性及其应对措施与应急预案。

岩溶地区公路桥梁桩基设计与施工研究技术路线体现在以下几个方面。

（1）通过归纳总结其他行业的研究成果和工程经验,在理论分析、数值模拟和室内外试验的基础上,以经济、可靠为原则,完善和丰富广东省岩溶地区的工程地质勘探技术。

（2）根据岩溶发育规律和桥梁工程特点,分析岩溶桥梁桩基范围内场地稳定性和岩溶地基稳定性,提出溶洞顶板稳定性的评价技术方法。

（3）通过现场试验和数值分析,深入研究隐伏溶洞对桩基承载特性的影响,研究溶洞-岩体-桩基三者之间的关系,结合已有经验和规范,建立考虑溶洞影响的桩基设计承载力确定方法。

（4）在总结国内外理论研究与工程实践,以及最新研究成果和工程经验的基础上,研究适合岩溶地区桩基处理方法,并根据造价、工程特点、工期、管理体系等方面因素,给出各种桩基处理方法的技术经济优选评价方法和适用范围。

总体技术路线如图 1.1 所示。

本专著的特色和创新点体现在如下三个不同关键科学技术问题的解决,并形成了《广东省岩溶地区桩基设计与施工技术指南》(2015 年发布)。

（1）进一步优化岩溶地区公路桥梁桩基的工程勘察和物探技术;

（2）岩溶地质条件下溶洞对桩基的承载力特性影响以及桩基设计理论与方法;

（3）进一步凝练和总结岩溶地质条件下桩基施工技术和各种溶洞桩基事故应急处理措施。

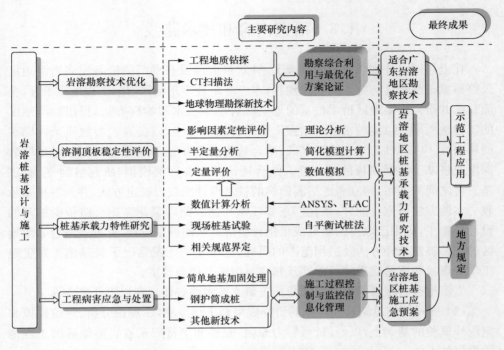

图 1.1　总体技术路线图

第2章 岩溶工程地质勘察

2.1 岩溶地质现象

2.1.1 岩溶简述

岩溶(又称喀斯特)是指水对可溶岩石(碳酸盐岩、硫酸盐岩、卤化物盐等)进行以溶蚀作用为主的综合地质作用,以及由此产生的各种地质现象的总称。

岩溶在我国分布十分广泛,尤其在广西、广东等地,水量丰富,发育动力强,形成了较典型的热带岩溶,表现为峰林洼地和峰林平原、岩溶平原的岩溶地貌类型。从北往南表现为峰林洼地向岩溶平原的过渡,公路桥梁建设主要沿岩溶平原、岩溶洼地分布。广东省位于我国南部,地理位置和气候特征造就了广东省岩溶地质的特殊工程性质,大部分表现为溶蚀、溶沟、溶槽、中小型串球状洞穴或单个小型洞穴、裂隙等形态。

2.1.2 岩溶常见形态

(1)溶沟、溶槽、石芽和石林:地表水沿可溶性岩层表面或裂隙流动,对岩石进行溶蚀、冲蚀而形成。

(2)漏斗、漏水洞、竖井:地表水沿可溶性岩石竖直的裂隙溶蚀扩大或由溶洞塌陷而形成的漏斗状的凹地称为漏斗。

(3)溶洞、暗河、岩溶谷地、天生桥:可溶性岩石经地下水的溶蚀、潜蚀、冲蚀和坍塌作用所形成的地下洞穴称为溶洞。在溶洞中常汇集有较大的河流形成地下河,称为暗河。溶洞或暗河洞道塌陷形成两岸陡峻的河谷,称为岩溶谷地。

(4)溶蚀洼地:许多相邻的漏斗不断扩大汇合而成的低洼平地。

(5)峰丛、峰林和残丘。

(6)钟乳石、石笋、石柱:碳酸盐岩地区洞穴因水的沉积作用形成的不同形态的碳酸钙堆积物。

2.1.3 岩溶发育规律

(1)不同岩性、结构与层厚的岩体中,岩溶发育程度不同。

(2)在断层构造褶皱带,尤其是褶皱轴部,裂隙密集地下水流快,常有大溶洞、暗河等岩溶现象。

(3)负地形多,标志着岩溶发育。

（4）河流水系是内陆岩溶区岩溶水的排泄基准面。

（5）水平状洞穴在竖向方向具有成层性。

（6）岩溶发育强度随深度加深而减弱。

2.1.4　岩溶工程分类

岩溶的划分类型较多,其中,根据岩溶埋藏条件,将岩溶分为裸露型、浅覆盖型、深覆盖型、埋藏型,具体情况见表 2.1。

表 2.1　岩溶工程分类表

类型	裸露型	浅覆盖型	深覆盖型	埋藏型
地表可溶岩出露情况	大部分	少量	几乎没有	无
覆盖层	土	土	土	非可溶岩
覆盖土厚度/m	<10	<30	>30	
地表水地下水连通情况	密切	较密切	一般不密切	不密切

2.2　岩溶工程地质问题

2.2.1　岩溶水对工程的危害

新中国成立以来,特别是改革开放以来,随着我国经济的高速发展,交通基础建设飞速发展,截至 2013 年年底,高速公路总里程达到 10.5 万 km,普通公路 400 多万千米。按照国家公路网建设规划,到 2030 年我国公路网总规模约 580 万 km,其中国家公路约 40 万 km。在 40 万 km 的国家公路中,普通公路网 26.5 万 km,国家高速公路网 11.8 万 km,还有 1.8 万 km 的展望线,加上地方高速公路,总里程将超过 15 万 km。我国已在岩溶地区建成了许多公路,随着公路逐渐延伸到山区,工程实践中还会面临大量的岩溶工程地质问题。

1. 岩溶地表水的危害

岩溶地表水对工程的危害主要表现在岩溶洼地、谷地中,洪水冲刷、淹没桥梁及路基,洼地积水浸泡路堤,引起路堤下沉和坍塌等。这些危害往往是由于对岩溶地区地表水径流的特点认识不足所致。

岩溶地区的地表水与一般非岩溶地表水相比,具有下列不同的特点。

（1）岩溶地区的地表水与地下水关系极为密切,具有负向补给,因而流量不易计算。

（2）岩溶地区的河、沟水流多随季节变化而具有间歇性。

（3）汇水面积不仅应根据地形分水岭圈定,还应结合地质条件圈定。

（4）岩溶洼地积水、消水具有反复性和间歇性。

依据上述特点，由于受自然条件因素影响较多，流量计算不准，以致所设排水建筑物的类型、位置及过水断面不适当，因而造成水害。

2. 岩溶地下水的危害

岩溶地下水对工程的危害主要表现为路基基底涌水，使路堤坍塌或冲毁；桥梁基坑涌水增加排水困难或者桥梁基坑坍塌，影响施工；隧道大量涌水或突水，同时伴随涌泥、涌沙，增加施工难度和安全风险，影响营运和施工安全。又因水位、水量变化大，致使排水工程不易奏效，以及地下水位下降造成地面坍塌而危及工程安全。造成地下水对工程危害程度估计不足，是由于我们对岩溶地区地下水的运动规律认识不清，以及目前岩溶水文地质计算方法还未完全合理、可靠的缘故。研究岩溶地下水对工程的危害时，应考虑与工程有关的岩溶地下水具有的特点。

（1）地下水与降水量密切相关，地下水位与流量随降水的多少有很大变幅。

（2）由于地质构造关系和地下分水岭的存在，使地下水变得格外复杂，地下水量计算不易准确，因而造成水害。

（3）岩溶地下水具有不均匀性，裂隙与管道并存，埋藏条件不易查清。

（4）岩溶水具有动力剖面的分带性，各带的水文地质条件不尽相同，直接影响工程位置的确定。

（5）具有集中突水和承压性，且伴随涌泥、涌沙等。

由于广东地处我国南部，地理位置和气候特征造就了广东岩溶地质的特殊工程性质，多表现为溶蚀、溶沟、溶槽、中小型串球状洞穴或单个小型洞穴，裂隙较为发育，且规律性不强的特点等，具有明显区域性特征，这些给岩溶地区桩基的设计、施工带来了很大的难度；再加之，在造价、工程特点、管理体系等方面的特殊性，更给岩溶地区桩基的质量控制带来了巨大的挑战。

2.2.2　岩溶洞穴对工程的危害

岩溶洞穴对工程的危害，主要表现在建筑物基础（桥梁桩基）悬空；洞穴顶板太薄，不能承受负荷而突然发生坍塌，引起建筑物破坏。

1. 建筑物基础（桥梁桩基）悬空

桥梁桩基通过有岩溶洞穴分布的地区，建筑物基础（桥梁桩基）悬空程度视洞穴大小而有区别。如遇大洞穴乃至岩溶大厅，则桥梁有可能处于四壁临空的溶洞之中，此时往往很难处理，给施工增加许多困难。

2. 岩溶洞穴对建筑物（桥梁）稳定性的影响

建筑物（桥梁）基础底下如果有溶洞，当其顶板过薄而有可能坍塌时，对建筑物（桥梁）是一种潜在的威胁。对于这类洞穴，在桥梁工程上不是事先采取较安全的措施，就是猝不及防而遭到破坏。要采取恰当的处理措施，就必须摸清洞穴状况，正确评价洞穴顶板的安全厚度。

2.2.3　洞穴堆积物及碳酸盐岩风化层对桥梁桩基工程的危害

由于地下水化学作用及物理作用形成的洞穴堆积物有化学沉积和碎屑沉积两类。碎屑沉积物主要是土、砂、砾石及岩块等；化学沉积物主要是指各种形态的碳酸钙沉积物。碎屑沉积物具有松软、松散、性脆、多孔、含水量高、下沉量大、强度低、稳定性差等特点。除此之外，岩溶地区尚有风化的山砂残积土和破碎岩体的坍塌等都对桥梁桩基工程的稳定性有影响。

1. 黏土质沉积物的松软下沉

洞穴中黏性土颗粒细，具有很高的含水量和稠度，物理力学性质差，往往给工程带来非常大的危害。

2. 松散堆积物的坍塌下沉

松散堆积物指砂土、砂砾及岩块等。砂土多沉积在早期的干洞穴中。砂砾多沉积于暗河漫滩、竖井底部、溶蚀管道及早期的干洞穴中。岩块是洞内坍塌物质、干洞和小溶洞内都有。这些沉积物由于松散，既易下沉，也易坍塌。在岩溶地区桥梁桩基施工时，当桩基穿过有大量填充堆积物的落水洞、竖井等垂直洞穴时，一旦被打穿，便会引起坍塌。尤其是当填充物含水量高，洞穴直径大，在施工震动时，更易发生大规模的坍塌，威胁更大。

3. 碳酸钙沉积物对桥梁桩基工程的影响

碳酸钙沉积物包括洞穴内各种碳酸钙沉积形态，如石笋、石柱、石幔、石钟乳、石灰石等。因具有多孔、性脆的特点，在施工中稍有震动、撞击就易掉块坍塌，造成危害。又因具有强度低、稳定性差的特点，一般不能设置桥梁桩基。

4. 碳酸盐岩风化层对桥梁桩基工程的影响

碳酸盐岩风化层指山砂、残积土和破碎岩体等。

山砂是白云岩风化后的产物，出现在挖方边坡时，会造成坍方，降水则形成流沙，使坡面形成新的沟槽，进而影响边坡稳定，影响桥梁桩基的稳定。

风化残积土具有膨胀土的许多特征,且保留有原生的层面和节理,干燥时收缩龟裂、土质坚硬,吸水后膨胀、软化,如此多次收缩、膨胀,土结构受到破坏,物理力学指标降低,造成边坡失稳,影响桥梁桩基稳定。

2.2.4　岩溶地区地面塌陷对桥梁桩基工程的危害

岩溶平原及洼地、谷地中,覆盖着第四纪松散土层。土层中地下水位埋藏浅,一般具有统一水面,当基岩岩溶发育时,地下水流动、水位下降或其他原因,都可能引起地面塌陷。塌陷的时间很突然,空间位置难以预测,可能对桥梁工程带来非常大的灾害。

岩溶地区地面发生塌陷的原因,目前尚在探索中。到底是因为地下水位下降形成岩溶腔真空吸蚀作用,还是因为地下水位下降土壤失去浮力,使上覆盖土层负荷过重,或者是地下水潜蚀作用,以及受震动等,均不能肯定其中之一而否定其他。现就地面塌陷的原因分析如下。

1. 真空吸蚀作用

1) 真空吸蚀的条件

地下水位下降造成真空吸蚀,使地面塌陷的问题引起关注。地下水位下降形成真空吸蚀作用,必须具有下列条件:

(1) 基岩受到严重溶蚀,形成溶洞、裂隙,相互纵横交错且相通,形成岩溶网络体系(或岩溶腔)。

(2) 表面有土层覆盖或浅部岩溶腔被充填,使下部岩溶腔被掩盖密封。

(3) 地下水处于密闭的具有承压或者低压状态。

2) 真空吸蚀的过程

具有上述地质环境,当地下水面下降时,地下水从有压转变为无压,岩溶腔内出现真空吸蚀,其作用大致可分为三个过程:

(1) 吸盘作用——地下水面骤降时,在密封的岩溶腔内有压水面转变为无压水面之际,岩溶腔水面与盖层底面之间出现一层很薄的液体吸附层。由于液体分子的内聚力和盖层底面固体表面分子的附着力,像吸盘一样紧紧地吸引盖层向下陷落。

(2) 真空吸蚀作用——地下水面继续下降,真空状态的破坏力越大,使盖层底部的土体颗粒松动或液体化,离散剥落和掏空,导致盖层的塌陷。

(3) 旋吸作用——盖层塌落或地面变形后,地表水通过盖层向地下水面不断下降的岩溶腔内渗漏过程中,产生旋吸漏斗(如水面漩涡),土体受到旋转水流的卷吸或液体化,于是塌陷越来越大。

从上述三个不同作用可以看出:真空吸蚀能量与岩溶腔的盖层底面大小、水位下降幅度及速度有关。

2．地下水潜蚀作用

地下水流动、流速加快、水位下降及地表水渗入地下，都可能引起土的细颗粒被带走，逐渐扩大替换空间，水力作用也随之加强，潜蚀作用也越来越强，致使盖层不能支持上覆盖土体而坍塌。

3．震动作用

震动引起砂类土液化，黏性土触变，土体强度降低及土体结构遭到破坏，从而诱发或促使地面塌陷。而地下震动因有气压、孔隙水压和振动冲击，比地表震动破坏性更加大。

4．土层负荷过重

土层负荷来自上部土体自重和外部荷载。在长期荷载作用下的黏土产生蠕变；地下水位下降，土体失去浮力，不能支持上部负荷或因土体中水分被排出而压缩等，都可能引起地面沉落和塌陷。

2.3　岩溶工程地质勘察方法

2.3.1　工程地质调查和测绘

工程地质调查和测绘是工程地质勘察中一个最重要且最基本的勘察方法，也是各勘察工作中走在前面的一项勘察工作。在岩溶地区进行工程地质调查，应着重查明该地区的地层，地质构造，地壳运动的规律，水文地质条件，洞穴的形态、位置、充填情况等，然后按照精度将它们如实地反映在一定比例尺的地形设计图上。工程地质调查和测绘包含以下内容：①岩溶地貌；②岩溶地层、岩性调绘；③岩溶地质构造调绘；④岩溶洞穴的调绘；⑤岩溶水文地质调绘；⑥覆盖型岩溶地区调绘。

2.3.2　地球物理勘探技术

地球物理勘探简称物探，它是利用专门仪器测定岩体物理参数，通过分析地球物理场的异常特征，再结合地质资料，了解地下深处地质情况的勘察手段。物探工作的种类很多，大致分为：电法勘探、地震勘探、管波探测法、电磁法勘探、层析成像技术、微重力法等。其中地震勘探、电磁法勘探、电法勘探是目前工程物探常用的三大类方法，它们在岩溶勘探方面都取得了很好的效果。针对这些方法进行研究、总结、创新形成广东地区特有的勘探手段，在提高工程质量，避免岩溶塌陷等方面具有十分重要的现实意义，同时也能提高社会效益和经济效益。

1. 地震勘探

利用地下介质弹性和密度的差异,通过观测和分析大地对人工激发地震波的响应,推断地下岩层的性质和形态的地球物理勘探方法叫作地震勘探。地震勘探在具有以下特点的地质条件中应用广泛。

(1) 基岩是很厚的灰岩,直接出露地表或被较薄的土层覆盖。

(2) 溶蚀剧烈;尺寸、形状、埋深不一的岩溶、裂隙、溶沟、溶槽发育。

(3) 地表地形起伏大、坡陡。

根据地震波的类型不同,地面地震勘探的基本方法有:反射波法、折射波法、面波法。根据现场的地形地貌特征、地质地球物理条件,通过现场试验,选择合理的地震勘探方法。一般在灰岩直接裸露、半裸露地区,不宜采取反射波法。

在广东岩溶地区浅层地震勘探手段被广泛地利用(胡晓光,1994),广东省地质物探工程勘察院作了许多浅层地震反射波法地质勘察工程:肇庆西江二桥(灰岩地区)查溶洞断裂,花都市湖畔花园(灰岩地区)查溶洞分布与形态等都取得了不错的效果。位于广东省珠海市西区金海附近的拟建珠海机场油码头,工区内淹有 2～8m 的海水,下伏有较厚的淤泥和风化残积土层,基岩为燕山期花岗岩,埋深 10～70m,属于浅海花岗岩地区。广东省地质物探工程勘察院利用浅层地震勘探技术推断出了码头区的基岩起伏形态和各主要覆盖层厚度。浅层地震勘探在其他地区也被大量利用(何沛田等,2008),如渝黔高速公路重庆段的崇溪河地区地质条件表明,第四纪覆盖层及全、强风化的基岩层溶蚀破碎裂隙带与完整基岩面存在着明显的密度、弹性波及电性的差别。从地震勘探测试成果方面,基本上反映了该路段的岩溶特征、溶蚀现象和发育程度以及溶蚀规模,效果不错。

浅层地震勘察以其速度快、勘察信息丰富、能形成三维整体性勘察等优越性,在工程地质勘察领域得到广泛的应用。

2. 电磁法勘探

电磁法勘探中的地质雷达方法是一种常用于岩溶地区的地质勘察方法之一。地质雷达也叫探地雷达(简称 GPR),是探空雷达技术向地下的扩展。它是利用高频电磁波由地面通过发射天线以宽频带短脉冲形式送入地下,经底下地层或目的体反射后回到地面,被另一天线接收,探测地下介质分布的一种地球物理勘探方法。探地雷达工作时,反射雷达波信号经过处理之后,输出一幅反射波的时间剖面图,由于不同介质的反射波形特征不同,所以根据雷达剖面图像,结合测区已知的地质和钻探资料,以便划分不同截止界面以及探查介质内部结构。

雷达探测在岩溶地区的应用,如果要确保勘察效果显著,应具备以下几个条件:

（1）岩溶与周围介质应存在明显的物性差异，形成波阻抗界面。

（2）覆盖土层厚度不宜太深。

（3）尽力避开空中和地面的干扰。

一般而言，地质雷达技术对于探测岩石顶底界深度、溶洞、岩溶发育范围及其充填性质或塌陷情况等具有很好的效果，特别是溶洞内存在与岩溶物性差异较大的充填物时，勘探效果更好。由于地质雷达发射超高频的电磁波，而灰岩对超高频电磁波的吸收相对其他地层介质有较低的衰减系数，故地质雷达在灰岩地区使用得更加广泛（葛双成和邵长云，2005）。

2000 年张虎生等在江西某文物区采用 SIR-2 型探地雷达的低频组合天线，选用 LF 480cm、LF 240cm 天线和 2m 收发距进行点测，推断为隐伏岩溶区且内部有充填物，其结果与实际情况相符。对于湖南某高速公路，采用 SIR-10H 型探地雷达及其 MLF 低频组合天线（最低频可达 16MHz），按 0.5m 间距进行点距，推断为灰岩顶板已塌陷的岩溶区，岩溶内部有含水充填物，在公路施工过程中验证了其勘探成果的正确性。在安徽省铜陵一带岩溶区岩土工程勘察中，用地质雷达勘探基本查明了勘查场地浅部岩溶、土洞的分布特征，构造破碎带及溶隙平面分布范围和空间延伸情况，发现物探异常点，经布置钻孔验证，异常部位为溶洞，获得了不错的效果。从这些大量的资料可知，地质雷达勘察岩溶具有有效性与可行性，广东地区可以根据自己的地质特点选择地质雷达勘探，在这里仪器与参数的选取就格外重要了。

探地雷达方法具有快速、方便、分辨率高、非破损、经济等优点，对溶蚀异常的空间展布形态以及溶洞的分布范围能够取得较好的效果。由于探地雷达技术理论本身具有复杂性，在实际探测中又受到介质、目标体性质和尺寸、探测环境、仪器性能和技术经验等因素的影响，在地质勘察也会出现与实际不符合的地方。

3. 电法勘探

电法勘探在岩溶地区工程地质勘察中应用非常广泛，是物探中常用的方法，其中，高密度电阻率法在电法勘探中更易被采用。

高密度电阻率法是在 20 世纪 80 年代兴起的一种电法勘探新技术，是为了适应山地物探的需要而被提出的。其基本原理与常规的电阻率法相同，所不同的是高密度电法设置的测点密度较高，现场测量时，只需要将全部电极布置在一定间隔的测点上，然后进行观测。它是集测深和剖面法于一体的一种多装置、多极距的组合方法，多用于中浅层的工程勘察当中。

高密度电阻率法在岩溶地区的应用，要效果显著，应具备以下几点条件：

（1）地形相对平坦，地面起伏不能过大。

（2）介质之间要存在电阻率差异。

（3）电极距不能过大。

高密度电阻率法对岩洞、土洞和软弱体等不良地质体的存在能够进行快速、准确的判别,对覆盖型岩溶发育地区第四系土洞发育、断裂发育情况以及灰岩分布等方面的确定,也能取得较好的效果。由于数据的采集和收录全部实现了自动化(或半自动化),不仅采集速度快,而且避免了人工操作所出现的误差和错误,大大提高了工作效率,减轻了劳动强度,使高密度电阻率法应用更加广泛。

高密度电阻率法在广东地区的应用也很显著(葛如冰,1997)。例如,广东省华南工程物探技术开发总公司利用高密度电阻率法对广州市的南方医院进行勘探,清晰地描绘出地下暗河的具体形状,还给出了周边地段的渗水情况,与实际结果一致。另外,该公司在广东省广清高速公路花清高架桥勘察中,利用高密度电阻率法进行勘探,对土洞、溶洞等不良地质体的位置、大小、形状分布特征,取得了不错的效果。在其他地区高密度电阻率法也得到了广泛的应用,如湖南省常德市广福桥煤矿发生矿坑突水事故,紧接着在石门县夹山镇双龙村、长龙村、青玄村交界处青山公路沿线两侧村庄及农田发生大量地面裂缝及塌陷,利用高密度电阻率法对地质灾害进行勘察,发现溶洞、溶槽等岩溶现象,取得不错的效果。在贵州省镇宁至胜境关高速公路中,高密度电阻率法起到很大的作用。

高密度电阻率法是一种快速、高效、经济、受场地干扰小的浅表岩溶构造勘察手段,这种方法能够有效地发现我们所关注的深度范围内的岩溶构造,在路基勘察、岩溶塌陷、堤坝渗漏、水文地质和工程地质勘察等方面取得了巨大成功。但是,高密度电阻率法也有不足的地方,对场地要求较高,即要求地形相对较平坦,勘察范围相对固定。

4. 其他地面物探

如前所述,工程上常用的三种物探方法包括地震勘探、电法勘探、电磁法勘探。除此以外,其他物探方法也常应用于工程勘探。电阻率法操作简单、适用范围广、易受干扰、成本高、效率低,适用于有导电性差异的地方;微重力法分辨能力高,受地形影响大,适用于地形平坦的地方;瞬变电磁法变种较多,能测得较多的参数,分辨能力高,解析精度高,受资料处理人员经验水平控制较大,适用于浅部岩溶的勘察。

综上所述,每一种方法的应用都有其应用的前提,只有在满足前提条件下的勘察效果才会是好的。因此,在确定使用何种方法之前,正确地分析判断建筑场地的地质情况是非常重要的。同时,根据大量实践的经验认为,在不同的地质条件下进行不同的勘察,采用综合物探。用多种方法相互印证,不宜以未经验证的物探成果作为施工图设计和地基处理的依据。

随着经济的发展,人类需求日益增加,以往的勘探技术由于面临更严峻的挑战,新的技术手段常应运而生,其中以管波探测法、层析成像技术为主的新勘探技术近几年在工程勘察中越来越受欢迎。

2.3.3　管波探测法

管波探测法由广东省地质物探工程勘察院于 2003 年提出,该法在灰岩地区的端承桩勘察中运用广泛。它能查明设计桩直径范围内的岩溶发育情况,定性判断桩端持力层的完整性,其有效探测半径约为 1.0m,对于距离钻孔中心 0.5m 范围内的岩溶,准确率达 95% 以上,垂向探测精度高,具有良好的桩位岩溶勘察效果。它弥补了一桩一孔勘察的局限性,勘察成果可靠性非常高,并且异常地质解释具有唯一性。

2004 年 8 月,广东省地质物探工程勘察院在广东省佛山市至和顺公路主干线工程桂和里及互通立交进行了 96 个管波探测,发现完整基岩段,孔外一定范围内存在岩溶,其勘探得出的结果经钻探验证,可靠性非常高。在广州地铁高架区间桥梁桩位勘察中,广东省地质物探工程勘察院利用管波探测法(图 2.1)在探明钻孔旁侧的岩溶、溶蚀裂隙等情况方面取得了不错的效果(李学文,2006)。同时,由管波探测法资料设计的基桩中未发现半边嵌岩和持力层内有危及基桩安全的岩溶现象,可见其效果立竿见影。

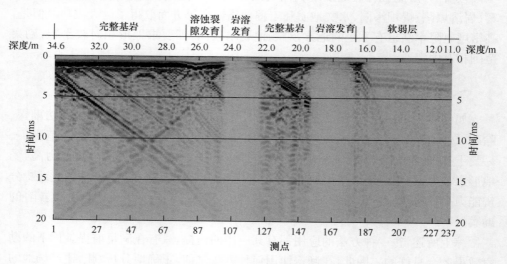

图 2.1　管波探测资料的地质解释

管波探测法也有许多不足的地方。用管波探测法查明的孔旁溶洞,不能确定溶洞处于钻孔的哪一侧,也不能确定溶洞距钻孔中心的距离;管波探测法对土洞的反映不明显,容易出现漏判,施工过程中会存在一定的安全隐患;对于有护壁的套管,管波穿透能力差,在套管内获得的资料少,很难准确推断孔旁岩溶的发育和分布情况,且因定性判断持力层的岩溶发育及其完整性,桩底标高有时难以界定,嵌岩深度有加大趋势。尽管管波探测法还需要完善,但其在桩位岩溶勘察中的效果非常显著,特别是在评价桩端持力层的完整性、指导桩基础设计和施工方面的优势更为明显,工期短、费用低、精度高,值得在更多地区推广。

2.3.4　层析成像技术

层析成像技术的种类有许多种,其中地震波层析成像(简称地震 CT)是近几年在岩溶勘察中应用比较广泛的一种。在岩溶勘察中的,它是基于完整灰岩与岩溶(包括充填物)、溶蚀裂隙及上覆土层之间存在明显的弹性纵波波速差异为地球物理前提。一般地说,完整灰岩的弹性纵波速度大于 4500m/s,而溶蚀裂隙发育灰岩的弹性纵波波速则为 2800~4500m/s,岩溶充填物及上覆土层的弹性纵波速度小于 2800m/s。对查明基岩面的埋深及起伏形态、溶洞分布形态及溶蚀发育范围等具有良好的效果。

地震波层析成像使用仪器占地小,精度高,勘测深度大,可靠性强,成图直观,受外界干扰小,能够较好地反映溶洞大小、溶蚀发育,能详细探明桩位、桩侧岩溶、基桩持力层的完整性。

广东省广和大桥位于广州市雅岗与佛山南海市和顺之间,横跨珠江支流,主桥段长 300 多米,设计有四个主桥墩。该桥基岩为石炭纪灰岩,基岩面埋深为 19~36m,上部覆盖层为第四纪冲淤积、残积淤泥、砂及黏土,基岩面起伏变化大,岩溶裂隙非常发育。广东省地质物探工程勘察院采用跨孔地震 CT 方法对四个主桥墩进行勘察,查明了基岩面的埋深及起伏形态、溶洞分布形态及溶蚀裂隙发育范围,使桩基设计、施工顺利完成(邱庆程和李伟和,2001)。在京沪高速铁路荆河特大桥岩溶探测中,利用地震波层析成像推断出其覆盖土层、岩溶发育状况,与实际情况相符。工程实践表明,在岩溶发育地区进行工程地质勘察时,采用跨孔地震 CT 层析成像方法准确而有效。它为桩基设计、施工提供安全、可靠的持力层位,能消除工程安全隐患,节省基础补救、处理费用,从而降低整个工程造价。

跨孔地震 CT 方法一般需要多个孔进行勘探,费用较高,工期长。钻孔布置要求严格,孔距宜控制在 5~20m,孔距太小会增大系统观测的相对误差,太大会降低方法本身的垂向分辨率。资料采集和计算工作量大,对勘察人员的技术要求较高。虽然跨孔地震 CT 层析成像有许多需要完善的地方,但它在岩溶发育地区工程地质勘察中具有广阔的前景。

2.3.5　其他勘察技术

1. 工程钻探

对任何工程进行勘察时,工程钻探是必不可少的一种手段。岩溶地区工程地质勘察中,钻探可以直接获取岩溶场区地面以下浅部及深部地层岩性、地质构造,查明岩溶发育强度、发育特点及水文地质条件资料,同时可以取现场异常土进行室内试验,获取更多的信息。

钻探的目的是了解一定深度范围内的岩溶发育情况,尤其当地表无岩溶现象或有覆盖层时,要在地质调查和物探成果的基础上,结合工程要求去指导钻孔布置。钻孔钻探在工程勘察中虽然无处不在,但不可能被大量使用。毕竟钻探只是对点的勘测,对于岩溶地区复杂的地质环境,这显然会使勘察结果出现严重的误差。采用大量的钻探,不仅费用昂贵,而且持续时间较长。因此,采取单一的钻探方法在工程上行不通,必须与其他勘探方法综合使用,才能取得不错的效果。

在条件允许时,还可采用物探技术手段,以了解钻孔周围的地质情况,这就是前面提到的管波探测法、层析成像技术等勘探技术。这两种技术曾在广东佛山一带大量使用,取得的效果非常显著。

2. 遥感技术

遥感技术是根据电磁辐射的理论,地面接收站对远距离目标辐射来的电磁波信息进行接受,加工处理成遥感资料(图像或数据),用来探测识别目标物的整个过程。遥感图像能宏观且真实地反映地表特征和各种地质现象的空间关系,具有视域广阔、信息量大、调查面积广、重复性好等特点,在识别岩溶地貌形态、岩溶层组划分及地质构造特征等方面,具有显著的效果。

3. 静力触探

静力触探就是布置静力触探孔,对静力触探 P_s-h 曲线进行分析解释,是否有异常值出现,从而推测出有无土洞或裂隙带。在覆盖型岩溶工程地质勘察中,静力触探手段主要是查明第四系覆盖层中有无隐蔽土洞存在;土洞的规模及埋藏位置;疏松裂隙带的分布及其范围等,取得了良好的效果。

2.4　勘察方法比选及优化

在岩溶地区勘察时,任何地区的工程都必须以工程地质调查和测绘为先导,这是无可厚非的。而对于非物探方法,钻探是必不可少的工作。所以,对于不同的地质条件,采用不同的勘探手段,其中物控方法的选择尤为重要。管波探测法、层析成像技术这两种方法应用起来受限制的因素较少,但需要钻孔,工作量大,费用高,覆盖面积有限,姑且把它们看作钻探后的选择,依现场情况而定,不作比较。现在进行比选的就只有上述三种物探方法,对于广东地区这三种方法都曾被大量使用过,如何选择值得探讨。

首先,在地质条件方面,高密度电阻率法在地形较平坦时,效果比较好;地震勘探对地形没多大要求,覆盖层厚度较薄,勘探效果显著;地质雷达要求地面起伏不宜过大,使用时受限制较少。

其次,在勘探范围方面,高密度电阻率法能较好地探明探线下方是否有岩溶发育和岩溶范围;地震勘探和地质雷达勘察范围都比较大,地震勘探勘察的深度有限,地质雷达排除干扰的信号较多。

最后,在勘察精度方面,三者都能勘察出岩溶的位置、溶洞、溶蚀、裂隙发育等内容,但其具体的大小、尺寸不宜勘察出来。它们的精度没有钻探的精度高,不过,高密度电阻率法精度相对较高。

在岩溶的勘察中,岩溶地区都会很复杂,必须采取各种勘察手段相结合的方式才能获得与实际相符合的资料。在使用勘探手段之前,必须注重岩溶发育规律的研究,坚持以工程地质调查和测绘为先导,岩溶规律研究和勘察工作的布置,应遵循从面到点、从地表到地下、先控制后一般、先疏后密的原则。在勘察中,物探只是一种间接的勘察地质手段,其勘探结果必须通过钻孔勘察验证。以上介绍的六种勘探方法优缺点及勘察对象见表 2.2。

表 2.2　岩溶工程地质勘察方法比较

方法	优点	缺点	勘察对象
地震勘探	分辨率高、费用低、速度快、勘察信息丰富、受地形影响小	勘探深度较浅,断层与软弱夹层不易区别,溶蚀破碎带与溶洞不易区别,	溶沟(槽)、土洞、溶蚀裂隙、覆盖厚度、基岩起伏情况
地质雷达	分辨率高、费用低、速度快、非破坏性、勘察信息丰富	受干扰因素多,特别依赖操作人员的经验与技术,地面起伏不宜过大。岩石节理、破碎带难区别	溶沟(槽)、溶洞、覆盖厚度、充填物、溶蚀破碎带
电法勘探	勘探精度高、高效、成本低、避免了人工操作	勘察范围有限,地面要相对平坦	溶洞、溶蚀带、土洞、暗河、充填物、覆盖层厚度及组成

方法	优点	缺点	勘察对象
钻探	勘探精度非常高、信息获取直接、详细	费用高、工期长,勘察信息单一,"一孔之见"	特定深度范围内的岩溶发育情况
管波探测法	工期短、费用低、精度高、成果直观性强。异常地质解释具有唯一性,勘察成果可靠性高	不能探明基桩范围外的不良地质体、临空面,不能分析溶洞距探测孔的距离及平面上的方位,土洞反映不明显。在套管内获得的管波资料可靠性差	桩基范围内的溶洞、溶蚀裂隙、软弱夹层等地质情况
层析成像技术	仪器占地小、精度高、勘测深度大、可靠性强、成图直观、受外界干扰小	费用高、工期长,钻孔布置严格,资料收集和计算工作量大,对勘察人员的技术要求高	溶洞分布、大小,溶蚀发育,能详细探明桩位、桩侧岩溶、基岩面起伏,以及基桩持力层的完整性

电法勘探、地震勘探、地质雷达就是大面积的勘探,初步查明场地范围内的岩溶发育和分布情况,进行场地划分,然后,针对这些场地的异常部分进行钻探分析。在钻探工作完成后,可以利用管波探测法、层析成像技术,判断该段范围内岩溶现象,直接揭示场地范围内的岩溶分布形态,做到"一孔多用"。

因此,在广东岩溶的勘察方法中,勘察基本上是"三选一"+钻探+"二选一",其中"三"指"电法勘探、地震勘探、地质雷达","二"指"管波探测法、层析成像技术",如何选择,只能根据具体的情况具体选择。在大多情况下,更加倾向于"地质雷达+钻探+管波探测法"。

第 3 章 溶洞顶板稳定性研究

在岩溶地区桩基设计施工中,一般采用端承桩,即桩底直接作用在岩石顶面,溶洞顶板与其上部的工程结构联系在一起,溶洞顶板的塌陷往往会造成一系列地质问题及经济损失,在公路工程中还会导致线路断道,影响交通系统的正常运营,危及人民生命财产安全。溶洞顶板安全厚度的选取直接关系到工程造价及工程安全和质量等,合理的安全厚度将对工程施工过程风险减轻和成本控制有着一定的帮助作用。因此,溶洞顶板稳定性研究具有十分重要的作用和意义。

溶洞顶板稳定性取决于溶洞围岩的各项力学指标,同时,桩基上部荷载的大小、桩径、溶洞跨度和高度、顶板的裂隙发育程度、岩层结构面分布状况及结构面之间的粗糙度等因素对顶板的稳定性都有较大的影响,有时甚至成为决定性因素。

岩溶地区桥梁桩基稳定性问题影响因素众多,目前对其评价主要从两个方面考虑:第一,以地表的变形控制为依据;第二,以结构强度破坏作为依据。作为公路路基溶洞的桩基处理问题,由于变形已基本完成,基于后者的考虑是合理的。因此,实际工程中通常采用后者作为岩溶地区桥梁桩基稳定性的评价标准。

由于溶洞顶板的形状千变万化,边界的约束条件也各不相同,在进行力学模型分析时,事实上不可能将其逐一讨论,一般的研究方法是进行合理的简化(刘之葵等,2003;阳军生等,2004;李仁江等,2007),选取具有代表性的力学模型,将溶洞顶板和桩基的作用系统划分为几种简单的情况进行分析计算,运用力学理论,结合数学的方法得出系统相互作用的规律,并引入非线性的 Hoek-Brown 屈服准则,对溶洞顶板的稳定性进行判断,由此得出不同模型下溶洞顶板安全厚度的简单的理论计算公式。这样的简化在一定程度上还可以反映溶洞顶板的受力特性及破坏模式,故由此得出的计算公式具有一定的参考价值。

考虑岩溶顶板的受力作用特性时,一般作如下假设:

(1)桩基作用面下,岩溶顶板完整且呈水平产状,暂不考虑成拱效应,将顶板作为梁板受力来分析。而且所有的分析基于弹性分析,即以线弹性理论为基础,并假设岩体为均匀连续体且各向同性,它既能承受压应力,也能承受拉应力。

(2)桩基与岩溶顶板作用,暂不考虑嵌岩深度,视为桩基直接作用在顶板上。

(3)当板面最小尺寸宽度远大于桩径时,可将桩基竖向荷载视为集中荷载,否则,一般视为板面上分布的局部竖向均布荷载,且该荷载作用在板中心直径为桩径 d 的圆内。

3.1　岩溶地区桩基作用体系模型简化

　　根据上述假设,岩溶地区溶洞条件下桥梁桩基桩端力学模型可视为受四周支撑的板上受荷载作用的力学模型。而在已有的板壳力学理论中,一般可将厚度与最小横向尺寸之比小于 1/4 或 1/5 的板视为薄板,并已建立了一套完整的理论可以用来计算工程上的问题。而对于超过 1/4 或 1/5 的厚板,虽然也有不同计算方案被提出来,但就已有的研究成果来看,还没有广泛地应用于工程实践之中。

　　根据现有的勘察技术方法并不能全面了解岩溶顶板的裂隙状态,所以很难准确判断顶板的边界约束条件。若将边界条件区分得十分精细的话,虽从理论上看似很严谨,但边界处裂隙状态的不确定性使这样的精细区分意义不大。综上所述,根据岩溶顶板的形状及裂隙发育程度将其简化为固支圆板力学模型、简支圆板力学模型、固支矩形板力学模型、简支矩形板力学模型四种。

　　在确定计算模型之后还须明确岩溶顶板所承受的外荷载,作用在顶板上的荷载有两个:一个是桩顶荷载 Q 通过桩侧及桩端岩土体的应力扩散作用传递到顶板板面上的一局部圆形均布荷载 q;另一个是由顶板上覆土体自重所产生的作用在整个顶板板面上的均布荷载 q_1。至于 q 和 q_1 的作用,位置应该根据实际情况来确定,但为了简化计算,本书均假设 q 和 q_1 的等效集中力作用在顶板中心处,同时这种做法也偏于安全,因为此时荷载处在最不利位置上,由此产生的顶板最大弯曲应力(最大弯曲应力发生在板中点处)比荷载作用在其他位置上所产生的顶板最大弯曲应力都要大。

3.1.1　顶板力学模型

1. 固支圆板力学模型

　　溶洞顶板符合薄板力学模型的几何尺寸条件,当溶洞顶板的水平截面为弧形,且跨度与宽度之比不大,桩基作用中心与圆板中心同心,桩直径为 d。同时溶洞顶板与周边岩体嵌固(支座岩体完整坚固),即溶洞顶板与周围岩体的接触边界为固支,可简化为固支圆板力学模型考虑,如图 3.1 所示。

2. 简支圆板力学模型

　　溶洞顶板符合薄板力学模型的几何尺寸条件及固支圆板力学模型的其余条件,当溶洞顶板与四周嵌固条件较差,或边界存在较多裂隙时,可将其视为简支圆板力学模型考虑,如图 3.2 所示。

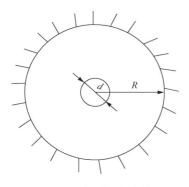

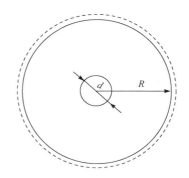

图 3.1　固支圆板力学模型　　　　　　　　　图 3.2　简支圆板力学模型

3. 固支矩形板力学模型

溶洞顶板符合薄板力学模型的条件,溶洞平面几何尺寸符合矩形特征,溶洞顶板与周边岩体结合较好,顶板与周围岩体接触良好无明显或较大的裂缝,中心局部受均布荷载,可按固支矩形板力学模型考虑,如图 3.3 所示。

4. 简支矩形板力学模型

溶洞顶板符合薄板力学模型的几何尺寸条件及固支矩形板力学模型的其他条件,当溶洞顶板与四周嵌固条件较差,或边界存在较多裂隙时,可将其视为简支矩形板力学模型考虑,如图 3.4 所示。

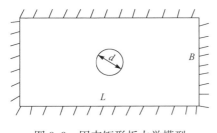

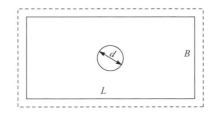

图 3.3　固支矩形板力学模型　　　　　　　　图 3.4　简支矩形板力学模型

3.1.2　薄板力学模型相关理论

在实际工程问题中,严格地说任何物体都是空间的,在一般情况下,解这类弹性力学问题都归结为复杂的偏微分方程组的边值问题。由于承受荷载的岩石一般为灰岩等较坚硬的岩石,其承受竖向弯曲变形能力较弱,也就是说,当溶洞顶板的竖向挠度较小时即产生了破坏。因此,建立岩溶地区桥梁桩基力学模型,可将其视为小挠度问题。

薄板小挠度弯曲理论遵从三个假定：

（1）垂直于中间方向的正应变极其微小，可以不计，即 $\varepsilon_z = 0$；

（2）应力分量 τ_{zx}、τ_{zy} 和 σ_z 远小于其余三个应力分量，它们所引起的应变分量可以不计；

（3）薄板中面内的各点都没有平行于中面的位移。

利用弹性理论相关知识，可以建立起小挠度薄板弯曲的基本微分方程：

$$D\left(\frac{\partial^4 w}{\partial x^4} + 2\frac{\partial^4 w}{\partial x^2 \partial y^2} + \frac{\partial^4 w}{\partial y^4}\right) = q \tag{3.1}$$

同时，将所有物理量都看作是薄板挠度 w 的函数，且认为薄膜应力为零，则薄板弯矩、剪力和沿薄板厚度线性分布的弯曲应力可表示如下：

$$\left.\begin{aligned}
M_x &= -D\left(\frac{\partial^2 w}{\partial x^2} + \frac{\partial^2 w}{\partial y^2}\right) \\
M_y &= -D\left(\frac{\partial^2 w}{\partial y^2} + \mu\frac{\partial^2 w}{\partial x^2}\right) \\
M_{xy} &= M_{yx} = -D(1-\mu)\frac{\partial^2 w}{\partial x \partial y}
\end{aligned}\right\} \tag{3.2}$$

$$\left.\begin{aligned}
Q_x &= -D\frac{\partial}{\partial x}\left(\frac{\partial^2 w}{\partial x^2} + \frac{\partial^2 w}{\partial y^2}\right) \\
Q_y &= -D\left(\frac{\partial^2 w}{\partial y^2} + \frac{\partial^2 w}{\partial x^2}\right)
\end{aligned}\right\} \tag{3.3}$$

$$\left.\begin{aligned}
\sigma_x &= -\frac{E_z}{1-\mu^2}\left(\frac{\partial^2 w}{\partial x^2} + \mu\frac{\partial^2 w}{\partial y^2}\right) \\
\sigma_y &= -\frac{E_z}{1-\mu^2}\left(\frac{\partial^2 w}{\partial y^2} + \mu\frac{\partial^2 w}{\partial x^2}\right) \\
\tau_{xy} &= -\frac{E_z}{1+\mu}\frac{\partial^2 w}{\partial x \partial y}
\end{aligned}\right\} \tag{3.4}$$

式中，D 为薄板弯曲刚度，$D = \dfrac{Eh^3}{12(1-\mu^2)}$；$w$ 为挠度方程；h 为薄板厚度；μ 为顶板材料泊松比；E 为弹性模量。

将式（3.2）和式（3.4）联立，消去公因子 w，即可得出各个应力分量与弯矩之间的关系。同时，由材料力学理论可知，应力分量 σ_x、σ_y、τ_{xy} 的最大值发生在板面位置，因此可得出薄板力学模型最大应力分别为

$$\left.\begin{array}{l}(\sigma_{x\max})_{z=-t/2}=\dfrac{6M_x}{h^2} \qquad\qquad (\tau_{zx\max})_{z=0}=\dfrac{3Q_z}{2h} \\[3mm] (\sigma_{y\max})_{z=-t/2}=\dfrac{6M_y}{h^2} \qquad\qquad (\tau_{zy\max})_{z=0}=\dfrac{3Q_y}{2h} \\[3mm] (\tau_{xy\max})_{z=0}=\dfrac{6M_{xy}}{h^2}\end{array}\right\} \qquad (3.5)$$

当求解圆形薄板问题时,采用极坐标比较方便。可以把挠度 w 和横向荷载 q 都看作是极坐标 r 和 θ 的函数,由弹性力学理论,可以求得在极坐标下弯矩、剪力及应力的表达式为

$$\left.\begin{array}{l}M_r=-D\left[\dfrac{\partial^2 w}{\partial r^2}+\mu\left(\dfrac{1}{r}\dfrac{\partial w}{\partial r}+\dfrac{1}{r^2}\dfrac{\partial^2 w}{\partial \theta^2}\right)\right] \\[4mm] M_\theta=-D\left(\dfrac{1}{r}\dfrac{\partial w}{\partial r}+\dfrac{1}{r^2}\dfrac{\partial^2 w}{\partial \theta^2}+\mu\dfrac{\partial^2 w}{\partial r^2}\right) \\[4mm] M_{r\theta}=-D(1-\mu)\left(\dfrac{1}{r}\dfrac{\partial^2 w}{\partial r\partial \theta}-\dfrac{1}{r^2}\dfrac{\partial w}{\partial \theta}\right)\end{array}\right\} \qquad (3.6)$$

$$\left.\begin{array}{l}Q_r=(Q_x)_{\theta=0}=-D\dfrac{\partial}{\partial r}\nabla^2 w \\[4mm] Q_\theta=(Q_y)_{\theta=0}=-D\dfrac{1}{r}\dfrac{\partial}{\partial \theta}\nabla^2 w\end{array}\right\} \qquad (3.7)$$

同理,最大应力可表示为

$$\left.\begin{array}{l}(\sigma_{r\max})_{z=-t/2}=\dfrac{6M_r}{h^2} \qquad\qquad (\tau_{rz\max})_{z=0}=\dfrac{3Q_r}{2h} \\[3mm] (\sigma_{\theta\max})_{z=-t/2}=\dfrac{6M_\theta}{h^2} \qquad\qquad (\tau_{\theta z\max})_{z=0}=\dfrac{3Q_\theta}{2h} \\[3mm] (\tau_{r\theta\max})_{z=-t/2}=\dfrac{6M_{r\theta}}{h^2}\end{array}\right\} \qquad (3.8)$$

通过前面对岩溶地区桥梁桩基桩端力学模型的简化,根据不同边界条件,依据上述薄板理论,可得出不同力学模型应力分布规律。限于篇幅所限,本书主要讨论由弯矩引起的挠度变形,不考虑剪切荷载对薄板挠度及应力的影响。

3.1.3　顶板力学模型受力特性分析

1. 圆形薄板力学模型受力分析

分析时先单独考虑桩基荷载的作用,然后考虑顶板均布土体荷载的情况,可以判断出两种荷载产生的最大应力均在顶板中心,故将两者所得的最大应力公式在顶板中心相叠加,便可得出圆形薄板力学模型的最大应力公式。

　　求解圆形薄板在中央局部荷载作用下的弯曲问题时,用极坐标比较方便,即把挠度 w 和横向荷载 q 都看作是极坐标 r 和 θ 的函数。将桩基作用于溶洞顶板看作一常数,则薄板的弹性曲面在荷载作用下的变形将是绕 z 轴对称的。因此,挠度 w 可以看作是极坐标 r 的函数,式(3.1)可以转化为式(3.9):

$$D\left(\frac{\mathrm{d}^2}{\mathrm{d}r^2}+\frac{1}{r}\frac{\mathrm{d}}{\mathrm{d}r}\right)\left(\frac{\mathrm{d}^2w}{\mathrm{d}r^2}+\frac{1}{r}\frac{\mathrm{d}w}{\mathrm{d}r}\right)=q \tag{3.9}$$

这个常微分方程的解答是

$$w=C_1\ln r+C_2r^2\ln r+C_3r^2+C_4+w_1 \tag{3.10}$$

式中,w_1 为任意一个特解,可以根据荷载 q 的分布按照式(3.9)的要求来选择;$C_1\sim C_4$ 为任意常数,取决于边界条件。根据弹性力学对薄板问题的解答,其挠度的表达式可表示为

$$w=\left(1-\frac{r^2}{R^2}\right)\left[C_1+C_2\left(1-\frac{r^2}{R^2}\right)+C_3\left(1-\frac{r^2}{R^2}\right)^2+\cdots\right] \tag{3.11}$$

　　(1)圆板四周固支时,如图3.5所示。

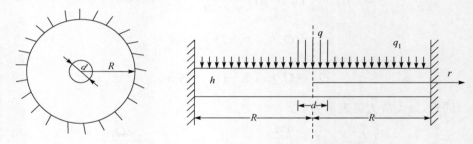

图 3.5　固支圆板力学模型计算图

　　在桩基荷载 q 单独作用下,满足位移边界条件:

$$(w)_{r=R}=0,\left(\frac{\mathrm{d}w}{\mathrm{d}r}\right)_{r=R}=0,\left(\frac{\mathrm{d}w}{\mathrm{d}r}\right)_{r=0}=0$$

解得

$$w=\frac{qR^4}{64D}\left[3-3\frac{(d/2)^2}{R^2}+\frac{(d/2)^4}{R^4}\right]\frac{(d/2)^2}{R^2}\left(1-\frac{r^2}{R^2}\right)^2 \tag{3.12}$$

　　由式(3.12)可知,在圆板中心(即 $r=0$)位置处有最大挠度:

$$w_{\max}=\frac{qR^4}{64D}\left[3-3\frac{(d/2)^2}{R^2}+\frac{(d/2)^4}{R^4}\right]\frac{(d/2)^2}{R^2} \tag{3.13}$$

可得桩基荷载 q 单独作用固支圆板最大应力为

$$\sigma_{r1}=(\sigma_r)_{z=-h/2}=(1+\mu)\frac{3qd^2}{32h^2}\left(3-3\frac{d^2}{4R^2}+\frac{d^4}{16R^4}\right) \tag{3.14}$$

　　考虑土体作用在顶板上的应力为 q_1,即顶板受到满布 q_1 的均布荷载,根据

式(3.14)，取 $d=2R$，得出

$$\sigma_{r2}=(1+\mu)\frac{3q_1R^2}{8h^2} \tag{3.15}$$

则顶板的最大应力为式(3.14)与式(3.15)的叠加，故

$$\sigma_{r\max}=(1+\mu)\frac{3}{32h^2}\left[qd^2\left(3-3\frac{d^2}{4R^2}+\frac{d^4}{16R^4}\right)+4q_1R^2\right] \tag{3.16}$$

（2）圆板四周简支时，如图 3.6 所示。

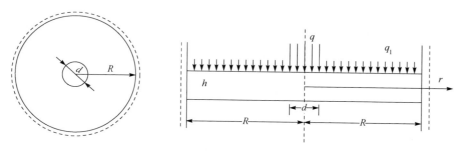

图 3.6　简支圆板力学模型计算图

在桩基荷载 q 单独作用下，简支圆板在局部荷载作用下的弯矩、挠度及应力公式为

$$w=\frac{qd^2}{64D}\left[\frac{3+\mu}{1+\mu}(R^2-r^2)-2r^2\ln\frac{R}{r}\right]$$
$$M_r=\frac{qd^2}{64}\left[4(1+\mu)\ln\frac{R}{r}+(1-\mu)\left(\frac{R^2-r^2}{R^2}\right)\frac{d^2}{4r^2}\right] \tag{3.17}$$

在圆板中央，即 $r=0$ 处：

$$w_{\max}=(w)_{r=0}=\frac{qd^2R^2}{64D}\frac{3+\mu}{1+\mu}$$
$$M_{r\max}=(M_r)_{r=0}=\frac{qd^2}{16}\left[(1+\mu)\ln\frac{2R}{d}+1\right] \tag{3.18}$$

可得在桩基荷载 q 单独作用下简支圆板最大应力公式为

$$\sigma_{r1}=(\sigma_r)_{z=-h/2}=\frac{3qd^2}{8h^2}\left[(1+\mu)\ln\frac{2R}{d}+1\right] \tag{3.19}$$

考虑土体作用在顶板上的应力为 q_1，即顶板受到满布 q_1 的均布荷载，根据式(3.19)，取 $d=2R$，得出

$$\sigma_{r2}=\frac{3q_1R^2}{2h^2} \tag{3.20}$$

则顶板的最大应力为式(3.19)与式(3.20)的叠加，故

$$\sigma_{r\max} = \frac{3}{8h^2}\left\{ qd^2\left[(1+\mu)\ln\frac{2R}{d}+1\right]+4q_1R^2\right\} \tag{3.21}$$

2. 矩形薄板力学模型

矩形薄板力学模型在工程中的应用较为复杂,弹性力学在解这类问题时,一般将板挠度 w 用级数来表示,根据边界条件对级数中的系数进行求解,如纳维叶解法、李维解法等。此外,也有学者采用插值的方法对局部荷载作用下的矩形薄板问题进行了分析研究。

分析时跟圆形薄板力学模型的思路一样,先单独考虑桩基荷载的作用,然后考虑顶板均布土体荷载的情况,将两者所得的顶板中心应力公式相叠加,便可得出矩形薄板力学模型的最大应力公式。

(1) 四边固支矩形薄板力学模型,如图 3.7 所示。

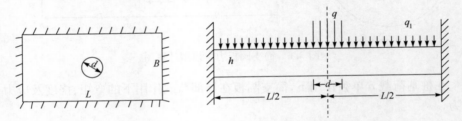

图 3.7　四边固支矩形薄板力学模型计算图

在桩基荷载 q 单独作用下,板中心存在最大应力和最大挠度:

$$\left.\begin{aligned} w_{\max} &= (w)_{x=y=0} = -\frac{\alpha_1 q\pi d^2 B^2}{4Eh^3} \\ \sigma_1 &= (\sigma)_{z=-h/2} = -\frac{3qd^2}{8h^2}\left[(1+\mu)\ln\frac{4B}{\pi d}+\beta_1\right] \end{aligned}\right\} \tag{3.22}$$

当泊松比 $\mu=0.3$ 时,α_1、β_1 参考表 3.1 取值。

表 3.1　固支矩形薄板模型 α_1、β_1 参考值

L/B	1.0	1.2	1.4	1.6	1.8	2.0	∞
α_1	0.0611	0.0706	0.0754	0.0777	0.0786	0.0788	0.0791
β_1	-0.238	-0.078	0.011	0.053	0.068	0.067	0.067

在均布土体荷载 q_1 作用下,铁摩辛柯和沃诺斯基(1977)给出了计算的近似公式,其中 χ_1 的取值参考表 3.2。

$$\sigma_2 = (\sigma)_{z=-h/2} = \frac{6\chi_1 q_1 B^2}{h^2} \tag{3.23}$$

表 3.2　固支矩形薄板模型 χ_1 参考值

L/B	1.0	1.2	1.4	1.6	1.8	2.0	∞
χ_1	0.0513	0.0639	0.0726	0.0780	0.0812	0.0829	0.0833

则顶板的最大应力为式(3.22)与式(3.23)的叠加,故

$$\sigma_{\max} = -\frac{3qd^2}{8h^2}\left[(1+\mu)\ln\frac{4B}{\pi d}+\beta_1\right]+\frac{6\chi_1 q_1 B^2}{h^2} \tag{3.24}$$

(2)四边简支矩形薄板力学模型,如图 3.8 所示。

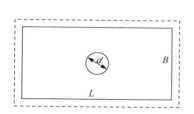 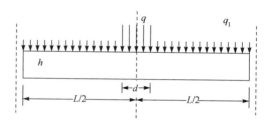

图 3.8　四边简支矩形薄板力学模型计算图

在桩基荷载 q 单独作用下,最大应力和最大挠度的表达式为

$$\left.\begin{aligned} w_{\max} &= (w)_{x=y=0} = -\frac{\alpha_2 q\pi d^2 B^2}{4Eh^3} \\ \sigma_1 &= (\sigma)_{z=-h/2} = -\frac{3qd^2}{8h^2}\left[(1+\mu)\ln\frac{4B}{\pi d}+\beta_2\right] \end{aligned}\right\} \tag{3.25}$$

当泊松比 $\mu=0.3$ 时,α_2、β_2 参考表 3.3 取值。

表 3.3　简支矩形薄板模型 α_2、β_2 参考值

L/B	1.0	1.2	1.4	1.6	1.8	2.0	∞
α_2	0.1267	0.1478	0.1621	0.1715	0.1770	0.1805	0.1851
β_2	0.435	0.650	0.789	0.875	0.927	0.958	1

在均布土体荷载 q_1 作用下,铁摩辛柯给出了计算的近似公式,其中 χ_2 的取值参考表 3.4。

$$\sigma_2 = (\sigma)_{z=-h/2} = -\frac{6\chi_2 q_1 B^2}{h^2} \tag{3.26}$$

表 3.4　固支矩形薄板模型 χ_2 参考值

L/B	1.0	1.2	1.4	1.6	1.8	2.0	∞
χ_2	0.0479	0.0627	0.0755	0.0862	0.0948	0.1017	0.125

则顶板的最大应力为式(3.25)与式(3.26)的叠加,即

$$\sigma_{\max}=\frac{3qd^2}{8h^2}\left[(1+\mu)\ln\frac{4B}{\pi d}+\beta_2\right]+\frac{6\chi_2 q_1 B^2}{h^2} \tag{3.27}$$

分析上述各力学模型最大应力公式,如果将桩端荷载换算为 $q=4P/\pi d^2$,并代入式(3.27)可以发现,当桩端作用面积趋于零的时候,溶洞顶板最大应力均呈现非常大的数值。更精确的分析表明,荷载集中作用于半径为 $d/2$ 的小面积产生的实际最大应力可用所谓的等效半径 r_0 替换 $d/2$,这个半径主要取决于平板的厚度 h ,其次取决于最小横向尺寸。Holl(1936)给出了等效半径的近似表达式:

$$r_0=\sqrt{0.4d^2+h^2}-0.675h \tag{3.28}$$

此式使用于以上任何形式的板,可以应用于所有桩径 d 小于溶洞顶板厚度 h 的情况,即当 $d<h$ 时,用 $d=2r_0$ 代替式(3.28),当 $d>h$ 时,可以使用实际的荷载作用半径。

3.1.4　顶板安全厚度验算

Hoek-Brown 准则(Hoek and Brown,1990)来作为判断岩石破坏的判定准则,由于岩石抗拉强度和抗压强度差别很大,尤其是在承受以弯矩为主的外荷载时,有必要对顶板抗拉强度进行验算。

1. 抗弯拉强度验算

根据式(3.11),不同力学模型下溶洞顶板容许安全厚度验算计算公式见表3.5。

表 3.5　不同力学模型极限承载状态公式表

力学模型	边界条件	验算位置	顶板安全厚度
圆板	固支	荷载中心	$h=\sqrt{(1+\mu)\dfrac{3m_b}{32s\sigma_{ci}}\left[qd^2\left(3-3\dfrac{d^2}{4R^2}+\dfrac{d^4}{16R^4}\right)+4q_1 R^2\right]}$
	简支	荷载中心	$h=\sqrt{\dfrac{3m_b}{8s\sigma_{ci}}\left\{qd^2\left[(1+\mu)\ln\dfrac{2R}{d}+1\right]+4q_1 R^2\right\}}$
矩形板	固支	荷载中心	$h=\sqrt{\dfrac{3qd^2 m_b}{8s\sigma_{ci}}\left[(1+\mu)\ln\dfrac{4B}{\pi d}+\beta_1\right]+\dfrac{6\chi_2 q_1 B^2 m_b}{s\sigma_{ci}}}$
	简支	荷载中心	$h=\sqrt{\dfrac{3qd^2 m_b}{8s\sigma_{ci}}\left[(1+\mu)\ln\dfrac{4B}{\pi d}+\beta_2\right]+\dfrac{6\chi_2 q_1 B^2 m_b}{s\sigma_{ci}}}$

2. 抗冲切强度验算

如图 3.9 所示,设桩径为 d,桩端下顶板厚度为 h,冲切角为 θ,顶板在桩端荷载 Q 的作用下将形成锥形冲切体。假定冲切面上的应力为均匀分布,且不考虑顶板下填充物的顶托力。则有

$$KQ \leqslant Q_1 = \sigma_t u_0 \frac{h}{\cos\theta} \tag{3.29}$$

式中,u_0 为冲切锥台的平均周长,取 $u_0 = \pi(d + h\tan\theta)$;$K$ 为安全系数。

由 $Q = \dfrac{\pi d^2 q}{4}$,得出极限状态溶洞容许安全厚度为

$$h = \frac{\sqrt{\sigma_t^2 d^2 + Kqd^2\sigma_t\sin\theta} - d\sigma_t}{2\sigma_t\tan\theta} \tag{3.30}$$

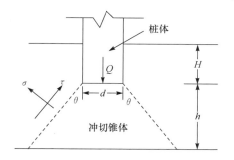 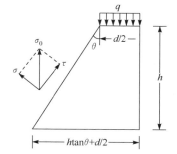

图 3.9　溶洞顶板抗冲切力学模型

3. 桩端岩层的剪切强度验算

如图 3.10 所示,桩端荷载为 Q,桩径为 d,桩端下顶板厚度为 H,不考虑剪切体的自重和顶板下充填物的顶托作用,并假定剪切面上应力均匀分布,由平衡条件可以求得剪切面上的剪应力 τ 为

$$\tau = \frac{Kq}{\pi dh} \tag{3.31}$$

根据 Hoek-Brown 准则:

$$\sigma^* = \sum_{i=1}^{n} l_i\gamma_{si} + \gamma_r H \tag{3.32}$$

式中,H 为嵌岩深度;l_i 为第 i 层土的厚度;γ_{si} 为第 i 层土的重度;γ_r 为岩石的重度;σ^* 为作

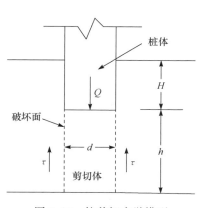

图 3.10　抗剪切力学模型

用在微元硬裂面上的法向应力。

根据岩体抗剪强度确定方法，取 $a=0.5$，α 为与岩体特性有关的常数。

$$\left.\begin{array}{l} \tau \approx (\sigma_n)^{0.75} \\ \tau^* = \beta(\sigma_n)^{0.75} = \beta\left(\dfrac{\sigma^*}{\beta} + \zeta\right)^{0.75} \end{array}\right\} \tag{3.33}$$

得出极限状态溶洞容许安全厚度为

$$h = \frac{Kq}{\pi d\beta \left(\dfrac{\sum\limits_{i=1}^{n} l_i \gamma_{si} + \gamma_r H}{\beta} + \zeta\right)^{0.75}} \tag{3.34}$$

其中，

$$\beta = \frac{\sigma_{ci}}{2}\left(\frac{am_b}{2}\right)^{\frac{a}{1-a}} \tag{3.35}$$

$$\zeta = as\left(\frac{am_b}{2}\right)^{\frac{1}{a-1}} \tag{3.36}$$

最后，我们得出在不同简化模型下的顶板厚度的理论计算公式，以及顶板的抗冲切及抗剪切的理论计算公式，见表 3.6。

表 3.6 顶板安全厚度计算公式

力学模型	顶板安全厚度
固支圆板	$h = \sqrt{(1+\mu)\dfrac{3m_b}{32s\sigma_{ci}}\left[qd^2\left(3 - 3\dfrac{d^2}{4R^2} + \dfrac{d^4}{16R^4}\right) + 4q_1 R^2\right]}$
简支圆板	$h = \sqrt{\dfrac{3m_b}{8s\sigma_{ci}}\left\{qd^2\left[(1+\mu)\ln\dfrac{2R}{d} + 1\right] + 4q_1 R^2\right\}}$
固支矩形板	$h = \sqrt{\dfrac{3qd^2 m_b}{8s\sigma_{ci}}\left[(1+\mu)\ln\dfrac{4B}{\pi d} + \beta_1\right] + \dfrac{6\chi_1 q_1 B^2 m_b}{s\sigma_{ci}}}$
简支矩形板	$h = \sqrt{\dfrac{3qd^2 m_b}{8s\sigma_{ci}}\left[(1+\mu)\ln\dfrac{4B}{\pi d} + \beta_2\right] + \dfrac{6\chi_2 q_1 B^2 m_b}{s\sigma_{ci}}}$
抗冲切强度验算	$h = \dfrac{\sqrt{\sigma_t^2 d^2 + Kqd^2\sigma_t\sin\theta} - d\sigma_t}{2\sigma_t\tan\theta}$
抗剪切强度验算	$h = \dfrac{Kq}{\pi d\beta\left(\dfrac{\sum\limits_{i=1}^{n} l_i\gamma_{si} + \gamma_r H}{\beta} + \zeta\right)^{0.75}}$

3.2　溶洞顶板稳定性分析实例

3.2.1　工程概况

　　广东省江肇高速公路西江特大桥位于肇庆市鼎湖区永安镇与沙浦镇之间,桥位跨越西江主干流,北岸属肇庆市鼎湖区永安镇,南岸属高要市沙浦镇。桥位区在K84+150m 以东地段处隐伏岩溶区,基底下石炭系石磴子组灰岩岩溶(土洞、溶洞)较发育。根据勘探资料,桥位共有 70 个钻孔钻遇岩溶,所揭露的溶洞多达 114个,洞大小不一,洞高 0.3~37.7m,单孔揭示溶洞层数最高达 9 层,桥位区的钻孔遇洞率为 26.62%,桥位区岩溶发育程度属中等发育。桥位区两端桥台部位未见软土分布,但江门端桥台分布有厚度较大的粉细砂夹淤泥质土层,其工程特性介于软土和松散粉细砂之间,更接近于软土,属较软弱土层,其厚度大,为 30.8~

34.1m,埋藏浅,为 2.4~3.9m,该层粉细砂夹淤泥质土对桥梁桩基的承载力和地基稳定有不良影响。

　　广东省江肇高速公路西江特大桥南引桥 5♯C 桩地质条件如图 3.11 所示,上覆盖层为 2.3m 厚粉质黏土层和 34.7m 厚粉细砂夹淤泥质土层,其下基岩为微风化灰岩,在地面以下 38.5m 处存在一洞高为1.1m 的溶洞(全部填充粉质黏土),地面以下 48.6m 处存在一洞高为 4.9m 的溶洞(全部填充粉质黏土)。根据详细的地质勘察资料,结合 GSI、m_i 和 D 的取值方法,岩体参数见表 3.7。

　　本实例选取西江特大桥南引桥 5♯C桩桩基为研究对象,针对本书的 6 种不同简化力学模型进行建模分析,与理论推导出来的公式结果进行对比分析。通过 AN-SYS 和 FLAC3D 进行数值模拟,在选取岩土的力学参数时,通过现场的实际勘察数据,运用 Hoek-Brown 准则与 Mohr-Coulomb 准则之间的参数转换公式,得出基于Hoek-Brown 破坏准则的岩石力学参数。

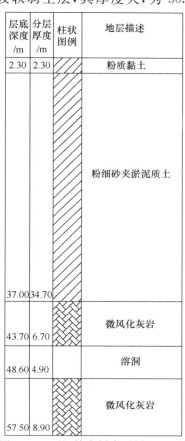

层底深度/m	分层厚度/m	柱状图例	地层描述
2.30	2.30		粉质黏土
			粉细砂夹淤泥质土
37.00	34.70		
43.70	6.70		微风化灰岩
48.60	4.90		溶洞
57.50	8.90		微风化灰岩

图 3.11　西江特大桥南引桥 5♯C 桩
地质条件图

表 3.7 Hoek-Brown 准则岩体参数

岩性	σ_{ci}/MPa	m_i	GSI	D	γ/(kN/m³)	H
微风化灰岩	63.6	7	55	0	22.54	38

3.2.2 理论计算结果

由 Hoek-Brown 准则参数的计算公式可求出

$$m_b = m_i \exp \frac{\text{GSI}-100}{28-14D} = 7e^{\frac{55-100}{28-14\times0}} = 1.403$$

$$s = \exp \frac{\text{GSI}-100}{9-3D} = e^{\frac{55-100}{9-3\times0}} = 6.74\times10^{-3}$$

$$a = \frac{1}{2} + \frac{1}{6}\left(e^{-\text{GSI}/15} - e^{-20/3}\right) = 0.504$$

$$E_m = \left(1 - \frac{D}{2}\right)\sqrt{\frac{\sigma_{ci}}{100}}10^{(\text{GSI}-10)/40} = 10.63\text{GPa}$$

$$\sigma_{cm} = \frac{2c \cdot \cos\phi}{1-\sin\phi} = \sigma_{ci}\frac{[m_b+4s-a(m_b-8s)](m_b/4+s)^{a-1}}{2(1+a)(2+a)} = 10.56\text{MPa}$$

$$\sigma_{3max} = \sigma_{cm}0.47\left(\frac{\sigma_{cm}}{\gamma H}\right)^{-0.94} = 0.358\text{MPa}$$

$$\sigma_{3n} = \sigma_{3max}/\sigma_{ci} = 5.63\times10^{-3}$$

$$\phi = \sin^{-1}\frac{3am_b(s+m_b\sigma_{3n})^{a-1}}{(1+a)(2+a)+3am_b(s+m_b\sigma_{3n})^{a-1}} = 55.1°$$

$$c = \frac{\sigma_{ci}[(1+2a)s+(1-a)m_b\sigma_{3n}](s+m_b\sigma_{3n})^{a-1}}{(1+a)(2+a)\sqrt{1+[6am_b(s+m_b\sigma_{3n})^{a-1}]/[(1+a)(2+a)]}} = 0.75\text{MPa}$$

$$\sigma_c = \sigma_{ci}s^a = 100\times(6.74\times10^{-3})^{0.504} = 5.12\text{MPa}$$

$$\sigma_t = -\frac{s\sigma_{ci}}{m_b} = -\frac{6.74\times10^{-3}\times63.6}{1.403} = -0.306\text{MPa}$$

根据西江特大桥南引桥 5#C 桩桩基的详细地质勘察资料和上述计算,可以得出如表 3.8 所示的材料参数。

表 3.8　材料参数表

材料	摩擦角/(°)	内聚力/MPa	抗拉强度/MPa	抗压强度/MPa	弹性模量/GPa	泊松比	体积模量/GPa	剪切模量/GPa	密度/(kg/m³)
混凝土桩体	—		—	50	25	0.2	13.89	10.42	2500
粉质黏土	11.7	0.018			0.0043	0.3	0.0036	0.0016	1980
粉细砂夹淤泥质土	17.5	0.0165	—	—	0.0024	0.28	0.0018	0.00092	1670
微风化灰岩	55.1	0.75	0.306	5.12	10.63	0.3	8.86	4.09	2300

注:$K=\dfrac{E_{\mathrm{m}}}{3(1-2\mu)}$,$G=\dfrac{E_{\mathrm{m}}}{2(1+\mu)}$

　　通过表 3.5 中的不同力学模型极限承载状态公式可得:顶板模型为圆形时,取 $R=3\mathrm{m}$;顶板模型为矩形时,取 $L=8\mathrm{m}$,$B=4\mathrm{m}$。根据西江特大桥南引桥 5 号墩 C 桩的设计资料,该桩基的设计极限承载力为 14000kN,由于一般工程设计结果偏保守,故本书取 14000kN、16800kN、19600kN、22400kN、28000kN 五种荷载进行验算,结果见表 3.9。

表 3.9　不同荷载下理论计算结果

计算对象		桩顶荷载 Q/kN				
		14000	16800	19600	22400	28000
理论计算桩端应力 q/MPa		1.18	2.57	3.97	5.36	8.15
顶板厚度 H/m	圆板四周固支	2.10	2.88	3.50	4.02	4.92
	圆板四周简支	3.62	5.0	6.07	6.76	8.52
	矩形板四周固支	2.64	3.15	3.59	3.98	4.66
	矩形板四周简支	3.36	4.25	5.00	5.64	6.74
	抗冲切验算($k=2$)	1.23	2.07	2.71	3.26	4.17
	抗剪切验算($k=3$)	0.39	0.84	1.305	1.755	2.67

3.2.3　数值模拟结果及分析

　　取四分之一模型进行计算。考虑到网格划分的复杂性及 ANSYS 强大的前处理功能,在进行数值仿真分析时,首先使用 ANSYS 建立模型并进行网格划分,通过现有的程序转化为可以读入 FLAC3D 的模型,导入 FLAC3D 程序建立最终的计算模型。

　　对于持力层较完好的桩基,当其达到承载力极限状态时,先是桩周土进入塑性屈服,发生塑性流动,进而桩端土受压达到持力层抗压极限强度,当桩端进入塑性屈服时,桩基最终破坏。在确定桩基承载力极限状态时,可以通过对不同加载时,桩端到溶洞顶板间持力层的塑性区状态以及塑性区连通性来判断桩基的承载力极限状态。

　　所采用的实体模型如图 3.12 和图 3.13 所示。

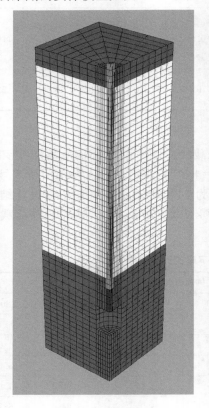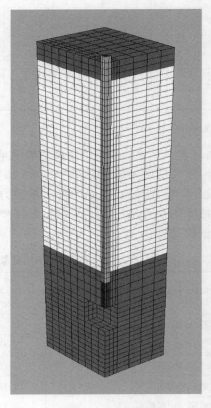

图 3.12　圆板模型　　　　　　　图 3.13　矩形板模型

　　数值计算时顶板模型为圆形时,取 $R = 3\text{m}$;顶板模型为矩形时,取 $L = 4\text{m}$, $B = 2\text{m}$。各层的材料参数取表 3.8 中的参数,桩顶荷载取 14000kN、16800kN、19600kN、22400kN、28000kN 五种情况,通过变化溶洞顶板的厚度,得出不同荷载下顶板的最小厚度。

1. 圆板四周固支

数值计算结果和理论计算结果如图 3.14 所示。

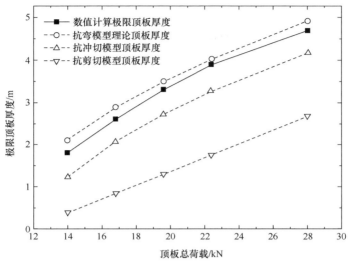

图 3.14　圆板四周固支时数值分析与理论计算顶板厚度对比图

由图 3.14 可知,理论计算结果均大于数值模拟的结果,这是因为理论计算仅仅考虑弹性破坏,是偏安全的。本桩基的设计承载力为 14000kN,顶板厚度为 4.9m,由上述结果可知:该桩基在假设为圆板四周固支的情况下,极限荷载可以达到设计承载力的 2 倍左右,抗冲切验算和抗剪切验算也均满足,故在模型为圆板四周固支情况下该桩基的顶板是稳定的,是满足承载力的需要的。

2. 圆板四周简支

数值计算结果和理论计算结果如图 3.15 所示。

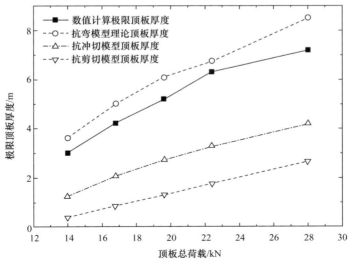

图 3.15　圆板四周简支时数值分析与理论计算顶板厚度对比图

　　由图 3.15 可知,理论计算结果均大于数值模拟的结果,这是因为理论计算仅仅考虑弹性破坏,是偏安全的。本桩基的设计承载力为 14000kN,顶板厚度为4.9m,由上述结果可知:该桩基在假设为圆板四周简支的情况下,极限荷载可以达到设计承载力的 1.5 倍左右,抗冲切验算和抗剪切验算也均满足,故在模型为圆板四周简支情况下该桩基的顶板是稳定的,是满足承载力的需要的。

　　由圆板四周简支的情况与圆板四周固支的情况对比可知,在承受相同荷载下,简支顶板的极限安全厚度要大于固支顶板。故在实际工程中有条件的情况下应优先选择岩石裂隙较少的岩石作为基础。

　　3. 矩形板四周固支

　　数值计算结果和理论计算结果如图 3.16 所示。

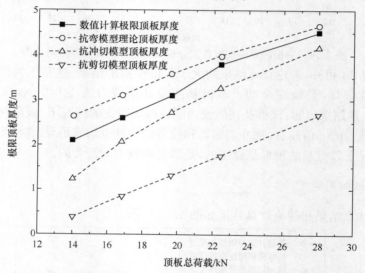

图 3.16　矩形板四周固支时数值分析与理论计算顶板厚度对比图

　　由图 3.16 可知,理论计算结果均大于数值模拟的结果,这是因为理论计算仅仅考虑弹性破坏,是偏安全的。本桩基的设计承载力为 14000kN,顶板厚度为4.9m,由上述结果可知:该桩基在假设为矩形板四周固支的情况下,极限荷载可以达到设计承载力的 2 倍以上,抗冲切验算和抗剪切验算也均满足,故在模型为矩形板四周固支情况下该桩基的顶板是稳定的,是满足承载力的需要的。

　　4. 矩形板四周简支

　　数值计算结果和理论计算结果如图 3.17 所示。

　　由图 3.17 可知,理论计算结果均大于数值模拟的结果,这是因为理论计算仅仅考虑弹性破坏,是偏安全的。本桩基的设计承载力为 14000kN,顶板厚度为

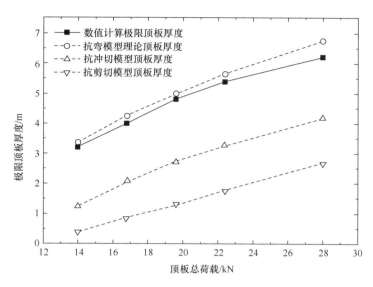

图 3.17　矩形板四周简支时数值分析与理论计算顶板厚度对比图

4.9m,由上述结果可知:该桩基在假设为矩形板四周简支的情况下,极限荷载可以达到设计承载力的 1.5 倍左右,抗冲切验算和抗剪切验算也均满足,故在模型为矩形板四周简支情况下该桩基的顶板是稳定的,是满足承载力的需要的。

　　综上所述,用理论计算得出的结果与数值模拟结果基本吻合,表明采用 Hoek-Brown 准则来判断计算岩溶顶板稳定性问题是可行的,也是比较准确的。另外,无论是理论验算还是数值模拟都表明,西江特大桥南引桥 5 号墩 C 桩的顶板厚度满足设计要求,是安全的,实际工程施工及运行阶段都良好,验证了计算的准确性。

3.2.4　综合分析

　　由模拟结果与理论结果的对比分析我们可以得出以下几个方面的结论:

　　(1)用理论计算得出的结果与数值模拟结果基本吻合,表明采用 Hoek-Brown 准则来判断计算岩溶顶板稳定性问题是可行的,也是比较准确的。

　　(2)数值模拟与理论计算之间的差异,主要有以下三个方面:①由于数值模型与理论简化的模型之间存在一定的差异性,理论计算模型比较简单,仅仅考虑弹性阶段,也没有考虑顶板边缘岩体的围压作用,所以在计算上是偏保守的,故得出的顶板厚度要比数值模拟计算的要大。②理论计算时假定顶板为薄板模型,当顶板厚度达到一定数值时,顶板已经不能够视为薄板,所以由此计算出来的结果会与数值模拟结果有一定的差别。③在理论计算时,按照规范来选取桩的侧摩阻力,这样选取会使理论计算比较简单方便,但是与实际情况和数值模拟的情况会有一定的出入,故会影响最后的计算结果。

（3）不同的简化模型，不同的约束条件对顶板的稳定性有较大的影响，顶板四周固支模型和顶板四周简支模型分别是理想状态下，代表了顶板承载能力的上限和下限（不考虑顶板内部的裂隙）。实际工程中不会出现如此理想的情况，故在实际工程计算中，应根据实际勘察资料，选择符合实际情况的简化模型，以求计算的准确性。

（4）西江特大桥南引桥 5 号墩 C 桩下的溶洞顶板厚度为 5m，设计承载力为 14000kN，按照固支的模型，从理论及数值模拟的计算上都表明，该设计承载力偏保守，该桩可以承载实际值的 2 倍左右。在简支的情况下，该桩基可以承载实际值的 1.5 倍左右。抗冲切验算和抗剪切验算也满足要求，故可以判断该桩基顶板是稳定的，是满足承载力的需要的。

第4章 岩溶地区桩基承载特性分析

4.1 岩溶地区桩基承载力特性理论分析

溶洞-桩基体系破坏主要表现为溶洞的破坏,而溶洞的破坏主要表现为溶洞顶板的冲切破坏、受弯破坏和支座处的剪切破坏。溶洞体系受力形式与桩截面的大小以及溶洞自身的大小、形态密切相关,不同的桩基-溶洞体系下溶洞体系的受力状态也有所不同。

4.1.1 大桩径小溶洞条件下溶洞受力分析

当桩径较大时,桩端承力作用下持力层的应力扩散范围较大,而溶洞体积较小时,整个溶洞处于端承载力的应力扩散范围以内。此时可把溶洞体系简化成受均匀围压的小孔模型(图4.1),体系边界所受的围压应力来源于桩端向下扩散的附加应力,溶洞体系的受力状态如图4.2所示。

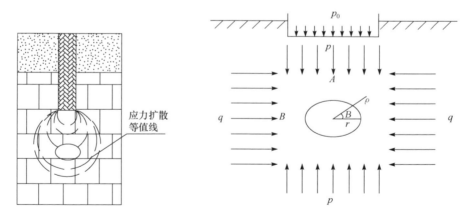

图 4.1 大桩径小溶洞体系应力扩散示意图   图 4.2 溶洞体系受力示意图

根据弹性理论,当均匀弹性体中存在孔洞时,圆孔周边产生的应力集中影响区域为距圆心 3 倍半径范围以内,其余范围可忽略应力集中的影响。考察距溶洞中心距离 $3r$ 处 A 点岩体所受竖向应力和 B 点岩体所受横向应力为

$$p = K_{rA} p_0 \tag{4.1}$$

$$q = \lambda K_{rB} p_0 \tag{4.2}$$

式中，K_{rA}、K_{rB} 分别为溶洞附近 A 点和 B 点的附加应力系数；p_0 为桩底的压应力；λ 为岩体在溶洞位置的侧向压力系数。

将溶洞简化成均匀弹性体里的一个圆形孔洞，则根据弹性理论计算如下：

$$\sigma_r = \frac{1}{2}(p+q)\left(1-\frac{r^2}{\rho^2}\right) + \frac{1}{2}(q-p)\left(1-\frac{r^2}{\rho^2}\right)\left(1-3\frac{r^2}{\rho^2}\right)\cos(2\theta) \quad (4.3)$$

$$\sigma_\theta = \frac{1}{2}(p+q)\left(1+\frac{r^2}{\rho^2}\right) - \frac{1}{2}(q-p)\left(1+3\frac{r^2}{\rho^2}\right)\cos(2\theta) \quad (4.4)$$

$$\tau_{r\theta} = \frac{1}{2}(p-q)\left(1-\frac{r^2}{\rho^2}\right)\left(1+3\frac{r^2}{\rho^2}\right)\sin(2\theta) \quad (4.5)$$

式中，σ_r 为溶洞边缘岩体的环向正应力；σ_θ 为溶洞边缘岩体的径向正应力；$\tau_{r\theta}$ 为溶洞边缘岩体的剪应力；r 为溶洞半径；ρ 为岩体距溶洞中心的距离；θ 为相对水平轴的转角。

沿着溶洞边缘，令 $\rho=r$ 时溶洞边缘的环向正应力表示为

$$\sigma_\theta = p[1+2\cos(2\theta)] + q[1-2\cos(2\theta)] \quad (4.6)$$

将式(4.1)和式(4.2)代入式(4.6)有

$$\sigma_\theta = p_0\{K_{rA}[1+2\cos(2\theta)] + \lambda K_{rB}[1-2\cos(2\theta)]\} \quad (4.7)$$

圆形面积上竖向均布荷载作用下的附加应力系数为

$$K_r = 1 - \frac{1}{(1+r^2/z^2)^{3/2}} \quad (4.8)$$

式中，r 为应力圆的半径；z 为距应力圆中心的垂直距离。

取溶洞顶板厚度为 $3d$（d 为桩径），溶洞半径为 $0.3d$，则 A 点距桩底距离约为 $2d$，B 点距桩底距离约为 $2.5d$。代入式(4.8)有：$K_{rA}=0.09$，$K_{rB}=0.06$。

岩体的侧向压力系数 $\lambda=\frac{\mu}{1-\mu}$（$\mu$ 为岩石的泊松比）。若取 $\mu=0.3$ 时，则有岩体的侧向压力系数 $\lambda=0.43$。

沿溶洞边缘几个重要数值见表 4.1。

表 4.1　溶洞边缘重要应力值

θ	0°	30°	45°	60°	90°
σ_θ	$0.24p_0$	$0.18p_0$	$0.12p_0$	$0.05p_0$	$-0.01p_0$

由此可见，沿洞边的应力集中最大值出现在洞边上下两侧和水平两侧处，溶洞水平两侧表现为压应力，其中压应力最大值为 $0.24p_0$。上下两侧表现为拉应力，其中拉应力最大值为 $0.01p_0$。

4.1.2　小桩径大溶洞条件下溶洞受力分析

当溶洞体积较大时,溶洞跨度超出了桩端应力扩散范围,顶板下缘的应力状态则完全改变,桩端应力扩散等值线如图 4.3 所示。

根据溶洞顶板的受力特征,可以把小桩径大溶洞体系受力特征简化成如图 4.4 所示的力学模型。

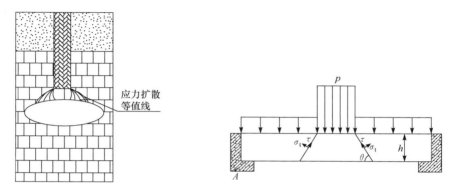

图 4.3　小桩径大溶洞体系桩端应力扩散示意图　图 4.4　溶洞顶板冲切锥体破坏受力示意图

根据 4.2 节将要介绍的数值计算分析结果得知:当溶洞跨度小于 $8d$(d 为桩径)时,顶板的极限破坏形式多表现为冲切破坏。顶板的冲切角可近似取为:$\theta = 45° - \varphi/2$(φ 为基岩的内摩擦角)。赵明华等(2003)提到在持力岩层抗冲切效应达到极限平衡状态时,冲剪锥台上方岩体对锥台侧表面的剪应力和拉应力都是存在的。但在工程实际中,这两种应力各自的发挥程度尚不十分清楚,为安全起见,这两种应力状态独立处理。

按台侧岩层抗剪破坏模式计算:

$$\frac{p_0 \pi d^2}{4} \leqslant \frac{\pi \tau}{k_1}(dh + h^2 \tan\theta) \tag{4.9}$$

式中,p_0 为桩端应力;d 为桩径;τ 为冲切面极限抗剪强度;k_1 为抗剪安全系数;h 为顶板厚度;θ 为持力层的冲切角。

若取抗剪安全系数 $k_1 = 1$,$h = 3d$,$\theta = 25°$时,$p_{0\max} = 28.8\tau$。

按台侧岩层抗拉破坏模式计算:

$$\frac{p_0 \pi d^2}{4} \leqslant \frac{\pi \sigma_t \tan\theta}{k_2}(dh + h^2 \tan\theta) \tag{4.10}$$

式中,p_0 为桩端应力;d 为桩径;σ_t 为冲切面极限抗拉强度;k_2 为抗拉安全系数;h 为顶板厚度;θ 为持力层的冲切角。

取抗拉安全系数 $k_2 = 1$,$h = 3d$ 时,$\theta = 25°$,则有 $p'_{0\max} = 13.68\sigma_t$。

通过以上两种溶洞体系的受力分析,可以看出两类溶洞体系的力学特性完全不同,因此,计算所求的桩基极限端承力也相差很大。产生其差异变化的根本原因在于溶洞跨度的变化造成了溶洞受力特性的改变以及溶洞顶板破坏形式的改变。

胡德华等(2010)提出岩石的极限抗压强度、抗拉强度、抗剪强度与岩石的岩性、结构面、裂隙发育等因素直接相关,如有条件应对岩石进行原位测试方可确定。在实际工程中也可根据经验取得,如一般可取灰岩的计算抗剪强度为允许抗压强度的 1/12,并通常取岩石的抗拉强度为抗压强度的 1/50～1/10;按格里菲斯强度论求得的比值为 1/8;而据点荷载试验求得的经验平均比值为 1/21～1/17。此外,试验结果还表明抗剪强度为抗拉强度的 2～3 倍。

本书根据计算时所采用的岩石力学参数,近似取岩石的极限抗压强度 $\sigma_c=15\sigma_t$;岩石的极限抗剪强度 $\tau=2\sigma_t$(σ_t 为岩石的极限抗拉强度)。

由前面的计算结果可以发现,大桩径小溶洞体系应力集中最大值出现在溶洞边缘的左右侧和上下侧,左右两侧围岩受最大压应力为

$$\sigma_\theta=0.24p_0\leqslant\sigma_c \tag{4.11}$$

$$p_{0max}=62.5\sigma_t \tag{4.12}$$

上下两侧围岩受最大拉应力为

$$\sigma_\theta=0.01p_0\leqslant\sigma_t \tag{4.13}$$

$$p_{0max}=100\sigma_t \tag{4.14}$$

由此可见,溶洞破坏形式表现为溶洞左右两侧的围岩体受压破坏。桩端极限端承力为

$$p_{0max}=62.5\sigma_t \tag{4.15}$$

此外,计算结果表明在综合安全考虑的情况下,溶洞顶板冲切破坏表现了顶板引冲切锥面的斜拉破坏,桩端极限端承力为

$$p'_{0max}=13.68\sigma_t \tag{4.16}$$

因此,比较式(4.15)和式(4.16),可以发现两种溶洞体系在溶洞顶板厚度同为 $3d$ 的情况下,溶洞跨度从 $0.6d$ 到 $4d$ 的变化过程对桩端承力的影响是显著的,而且变化过程存在一个突变点。另外,同等条件下小溶洞体系的安全系数大约为大溶洞体系的安全系数的 5 倍。

4.2　岩溶地区桩基承载力特性数值模拟

采用数值计算软件 FLAC3D(三维快速拉格朗日插值法),通过对岩土-溶洞-桩体三位一体模型的计算分析,力求发现溶洞存在下对于桩基承载力特性的影响,进而确定岩溶地质条件下桩基的极限承载力,为后续岩溶地区桩基设计提供可靠

的理论支持。

4.2.1　模型建立与主要参数

考虑到软件计算量的局限,在不影响体系力学特性的前提下,对原有的体系做了一定的缩小和简化。采用实体单元建立模型,土体尺寸为 16m×8m×20m;桩径为 1.0m,桩长 16m,嵌岩深度为 1m;表层土体为黏土,土层厚度为 15m;持力层厚度为 10m,持力层岩石为中风化石灰岩,并以Ⅳ类岩石做简化计算。具体三维模型如图 4.5 和图 4.6 所示,主要材料力学参数的选取见表 4.2。

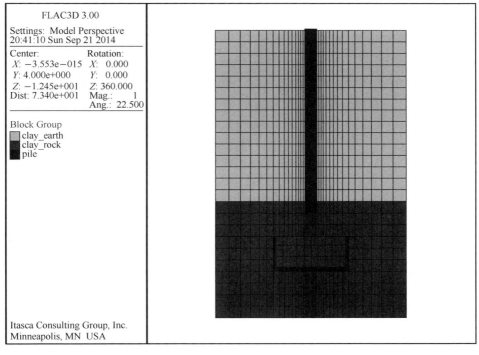

图 4.5　体系正面剖切图

表 4.2　计算材料力学参数表

材料		摩擦角/(°)	凝聚力/MPa	抗拉强度/MPa	抗压强度/MPa	弹性模量/GPa	泊松比	密度/(kg/m³)
桩体		—	—	—	50	25	0.2	2500
土体		20	0.03	—	—	0.1	0.3	1600
岩体	Ⅲ类	44.5	1.1	1.1	64.8	13	0.275	2300
	Ⅳ类	33	0.45	0.9	13	3.7	0.33	2100

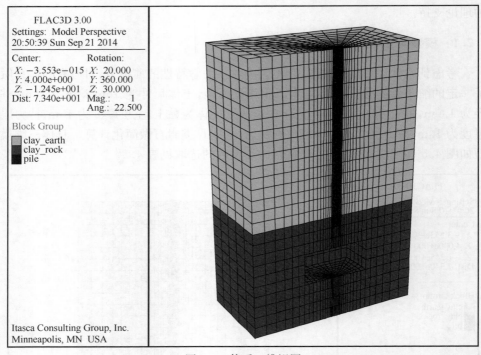

图 4.6　体系三维视图

4.2.2　单一变量变化对桩基极限承载力影响分析

为了探究溶洞对于端承桩的极限承载力的影响,该计算模型确定了桩基的主要特征参数(桩长、桩径、入岩深度、桩体弹性模量等)为不变量常数;把溶洞的特征参数(顶板厚度、洞跨、洞高、溶洞中心与桩轴线的偏心距离)作为分析变量。利用 FLAC3D 有限差分数值模拟软件,在其他变量不变的前提下通过改变单一变量数值,来确定各个变量对极限承载力的影响情况。

1. 顶板厚度对桩基极限承载力的影响

工况一:顶板厚度为 $0.5d$(d 为桩径,$d=1$m),洞高为 $3d$,洞跨为 $6d$,与桩轴线对齐。

工况二:顶板厚度为 $1.0d$(d 为桩径,$d=1$m),洞高为 $3d$,洞跨为 $6d$,与桩轴线对齐。

工况三:顶板厚度为 $2.0d$(d 为桩径,$d=1$m),洞高为 $3d$,洞跨为 $6d$,与桩轴线对齐。

工况四:顶板厚度为 $3.0d$(d 为桩径,$d=1$m),洞高为 $3d$,洞跨为 $6d$,与桩轴线对齐。

　　工况五:顶板厚度为 $4.0d$(d 为桩径,$d=1$m),洞高为 $3d$,洞跨为 $6d$,与桩轴线对齐。

　　工况六:顶板厚度为 $5.0d$(d 为桩径,$d=1$m),洞高为 $3d$,洞跨为 $6d$,与桩轴线对齐。

　　顶板厚度对桩基承载力特性的影响综合如表 4.3 和图 4.7 所示。

表 4.3　顶板厚度对桩基承载力特性影响分析表

顶板厚度/d	桩土相对滑移距离/mm	桩侧摩阻力/MPa	桩端承载力/MPa	桩极限承载力/MPa
0.5	1.6	2.8	1.4	4.2
1	3.8	4.2	3.4	7.6
2	5.6	4.9	6.2	11.1
3	8.5	4.8	11.1	15.9
4	13.8	5.3	20.9	26.2
5	18.6	5.2	27.4	32.6

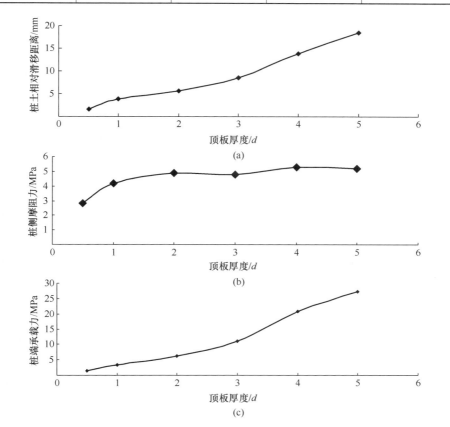

(a)

(b)

(c)

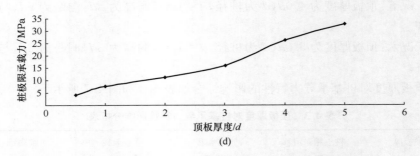

图 4.7　不同顶板厚度条件下桩基承载特性综合分析图

通过对顶板厚度对桩基承载力特性影响分析,得到如下结论:

当顶板厚度较小(小于或等于 1d)时,顶板抗冲切力很小,当桩土相对滑移距离很小,未能达到桩侧摩阻力完全发挥的最小相对滑移距离,顶板就发生破坏。因此,桩侧摩阻力没有完全发挥。当顶板厚度增加到 3d 时,顶板的抗冲切能力显著提高,同时也能达到桩土侧摩阻力发挥所需的相对滑移距离。因此,当顶板厚度达到 3d 时侧摩阻力可以完全发挥。当顶板厚度增加到 3d 以上时,桩侧摩阻力并不会再增加,但是桩端阻力会显著提高,因此总体的极限承载力会显著提高。

桩侧摩阻力是桩极限承载力的重要部分,特别对于桩长较长的桩,侧摩阻力占桩极限承载力的 70% 以上。因此桩侧摩阻力的完全发挥至关重要,而桩侧摩阻力的发挥,强烈地依赖于桩土的相对滑移距离的大小。因此,在保证桩端承载力不变的情况下,如何提高桩土的相对滑移距离成为考虑的重要问题。对于桩长较短的端承桩,桩端的少量沉渣反而能起到有利作用。适当调整桩体的刚度也能有效地增加桩土相对滑移距离。

2. 洞跨对桩基极限承载力的影响

工况一:洞跨为 1.0d(d 为桩径,$d=1$m),顶板厚度为 2d,洞高为 3d,与桩轴线对齐。

工况二:洞跨为 2.0d(d 为桩径,$d=1$m),顶板厚度为 2d,洞高为 3d,与桩轴线对齐。

工况三:洞跨为 3.0d(d 为桩径,$d=1$m),顶板厚度为 2d,洞高为 3d,与桩轴线对齐。

工况四:洞跨为 4.0d(d 为桩径,$d=1$m),顶板厚度为 2d,洞高为 3d,与桩轴线对齐。

工况五:洞跨为 5.0d(d 为桩径,$d=1$m),顶板厚度为 2d,洞高为 3d,与桩轴线对齐。

工况六:洞跨为 $6.0d(d$ 为桩径, $d=1\text{m})$,顶板厚度为 $2d$,洞高为 $3d$,与桩轴线对齐。

溶洞跨度对桩基承载力特性的影响综合如表 4.4 和图 4.8 所示。

表 4.4　不同洞跨条件下桩基承载特性综合分析表

溶洞跨度/d	桩土相对滑移距离/mm	桩侧摩阻力/MPa	桩端承载力/MPa	桩极限承载力/MPa
1	13.7	4.7	19.8	24.7
2	6.4	4.6	7.9	12.5
3	6.1	4.4	7.5	11.9
4	6.0	4.4	7.2	11.6
5	5.8	4.6	6.7	11.3
6	5.6	4.9	6.2	11.1

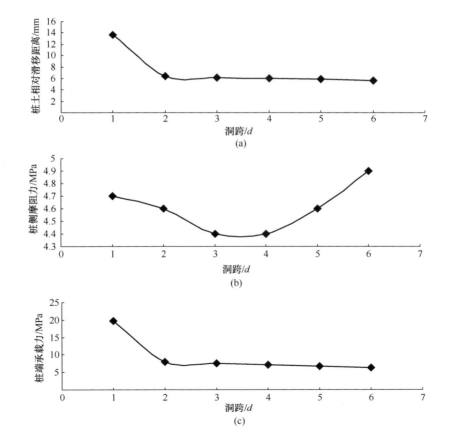

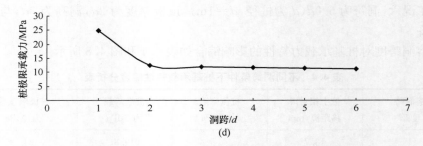

图 4.8 不同洞跨条件下桩基承载特性综合分析图

通过不同跨径溶洞条件下桩基承载特性的研究,得到如下结论:

(1) 当洞跨小于 $8d$ 时,顶板的主要破坏形式是桩端对顶板的冲切破坏,因此虽然洞跨一直在增加,但顶板的抗冲切力却基本没有变化。因此,当洞跨从 $2d$ 增加到 $6d$ 时桩基极限承载力变化不大。但当洞跨为 $1d$ 时,溶洞位于桩端应力扩散角以内,冲切效果不明显。同时,溶洞受力状态变成了受均匀围压效果,难以破坏,因此,此时溶洞的存在对桩基极限承载力的影响很小。

(2) 从图 4.8 中可以清晰地看出,当顶板厚度确定,洞跨从 $2d$ 增大到 $6d$ 时,桩土相对滑移距离变化不大,桩侧摩阻力变化也不大,且侧摩阻力基本完全发挥。桩端阻力有略微的减小,但变化也可忽略。因此对于桩的极限承载力变化也不大。但洞跨从 $1d$ 增大到 $2d$ 时,除桩侧摩阻力外,各项参数都发生了巨大的变化,桩端阻力大大地降低,整体极限承载力也大大降低。

溶洞跨度对桩基极限承载力的影响存在一个临界值,当跨度超过临界值时桩基的极限承载力会急剧下降,此临界值受顶板厚度和桩端应力扩散角的制约。临界跨度 $l_{cr}=d+2h\tan\varphi$(d 为桩径,h 为顶板厚度,φ 为应力扩散角)。因此在溶洞大小较小的情况下,合理地调整桩径,或者采用桩端扩大头设计将会很好的提高桩基的极限承载力。

3. 洞高对桩基极限承载力的影响

工况一:洞高为 $1.0d$(d 为桩径,$d=1$m),顶板厚度为 $3d$,洞跨为 $6d$,与桩轴线对齐。

工况二:洞高为 $2.0d$(d 为桩径,$d=1$m),顶板厚度为 $3d$,洞跨为 $6d$,与桩轴线对齐。

工况三:洞高为 $3.0d$(d 为桩径,$d=1$m),顶板厚度为 $3d$,洞跨为 $6d$,与桩轴线对齐。

工况四:洞高为 $4.0d$(d 为桩径,$d=1$m),顶板厚度为 $3d$,洞跨为 $6d$,与桩轴线对齐。

工况五：洞高为 5.0d（d 为桩径，$d=1$m），顶板厚度为 3d，洞跨为 6d，与桩轴线对齐。

洞高条件对桩基承载力特性的影响综合如表 4.5 和图 4.9 所示。

表 4.5　不同洞高条件下桩基承载特性综合分析表

溶洞高度 /d	桩土相对滑移距离/mm	桩侧摩阻力/MPa	桩端承载力/MPa	桩极限承载力/MPa
0.5	8.7	4.9	11.7	16.6
1	8.3	4.7	11.6	16.3
2	8.4	4.7	11.5	16.2
3	8.5	4.7	11.2	15.9
4	8.4	4.6	11.1	15.7
5	8.0	4.4	10.7	15.1

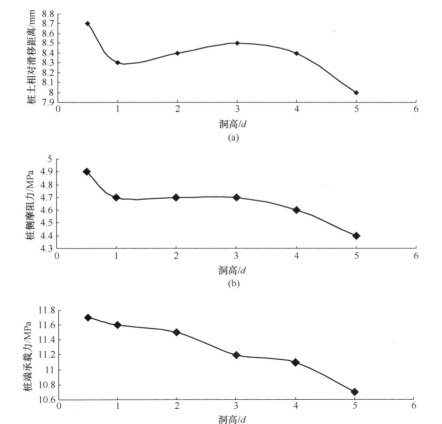

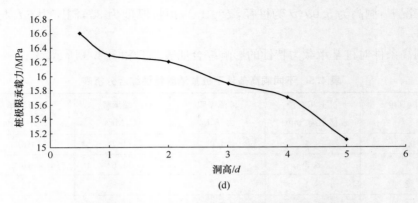

图 4.9　不同洞高条件下桩基承载特性综合分析图

通过对不同洞高条件下桩基承载特性分析,可以得到如下结论:

(1)当溶洞洞高从 0.5d 增加到 5d,桩身侧摩阻力和桩端承载力都有微小变化,总体呈下降的趋势,整个过程中桩基极限承载力下降不到 2MPa。因此,在岩溶地区桩基设计中可以忽略洞高对桩基极限承载力的影响。

(2)从溶洞最大主应力分布可看出,当溶洞洞高较小时,洞体应力越集中,侧壁对洞顶的支撑作用力越大,因此溶洞顶板的承载力相应有所提高。不过这种效应并不是所有情况下都利于桩基承载力的增强,所以设计可不考虑洞高影响。

对于规则形态的溶洞,如本模型中的立方体溶洞,洞高的变化对桩基极限承载力没有影响。因此,有人提出用高跨比系数 $\partial = l/H$(l 为溶洞跨度,H 为溶洞高度)作为影响桩基承载力的一个因素是不科学的。但应该注意的是,洞高对桩基极限承载力的影响强烈地依赖于溶洞的形态特征,如最为普遍的椭球形,当洞高很小时,洞体边缘形成很小的夹角,在桩端力的作用下,应力集中效应很明显,溶洞边缘成为薄弱区,容易出现脆裂破坏。因此洞高影响因素不能一概而论。

4. 溶洞与桩轴线的偏心距离对桩基承载力的影响

工况一:偏心距离为 0d(d 为桩径,$d=1$m),顶板厚度为 2d,洞跨为 4d,洞高为 3d。

工况二:偏心距离为 1.0d(d 为桩径,$d=1$m),顶板厚度为 2d,洞跨为 4d,洞高为 3d。

工况三:偏心距离为 2.0d(d 为桩径,$d=1$m),顶板厚度为 2d,洞跨为 4d,洞高为 3d。

工况四:偏心距离为 3.0d(d 为桩径,$d=1$m),顶板厚度为 2d,洞跨为 4d,洞高为 3d。

工况五:偏心距离为 4.0d(d 为桩径,$d=1$m),顶板厚度为 2d,洞跨为 4d,洞

高为 $3d$。

　　工况六:偏心距离为 $5.0d$(d 为桩径,$d=1$m),顶板厚度为 $2d$,洞跨为 $4d$,洞高为 $3d$。

　　偏心距离对桩基承载力特性的影响综合如表 4.6 和图 4.10 所示。

表 4.6　溶洞与桩轴线的偏心距离对桩基承载特性影响分析表

偏心距离/d	桩土相对滑移距离/mm	桩侧摩阻力/MPa	桩端承载力/MPa	桩极限承载力/MPa
0	5.6	4.9	6.2	11.1
1	5.8	4.7	6.7	11.4
2	5.8	4.6	6.9	11.5
3	7.1	4.4	9.4	13.8
4	13.6	4.3	20.1	24.4
5	14.8	4.7	24.9	29.6

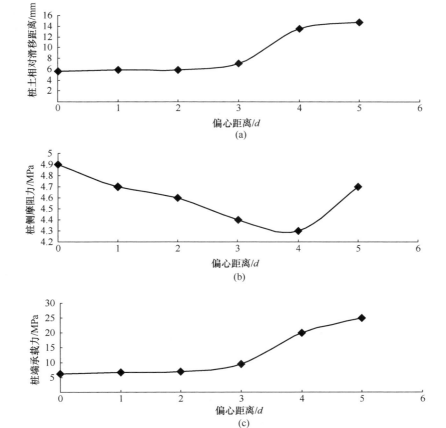

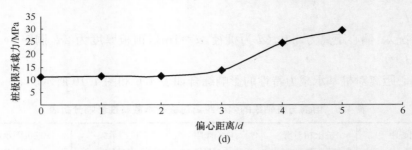

图 4.10　不同溶洞与桩轴线偏心距离条件下桩基承载特性综合分析图

通过以上溶洞与桩轴线偏心距离对桩基承载特性的分析,我们可以得到如下结论:

(1)当溶洞跨度为 $6d$ 时,从以上分析中可以知道:当偏心距离为 $0\sim3d$ 时,桩基的各项承载力特性参数都没有太大变化,同时桩侧摩阻力也基本完全发挥。当偏心距离达到 $4d$ 时,随着偏心距离的增加,桩基极限承载力显著提高,主要表现为其端承力大大增加。

(2)当溶洞中心偏离桩基轴线距离大于 $3d$ 时,溶洞的洞壁位于桩端应力扩散角外,因此桩端承力在向下扩散时,主要由基岩承担,而作用在溶洞顶板的压应力显著减少,溶洞破坏不明显。当偏心距离达到 $5d$ 以上时,可以基本不用考虑溶洞对桩基极限承载力的影响。因此在实际工程中,对于桩基的合理定位和桩端周围的溶洞进行选择性的压浆处理,将会有效地提高桩基的极限承载力。

当偏心位置大于某个临界值时,溶洞对桩基的极限承载力影响很小。临界偏心距离为: $\Delta l_d = \dfrac{1}{2}(d+l) + \beta h \tan\varphi$($d$ 为桩径,l 为溶洞跨度,β 为溶洞形态调整系数,h 为顶板厚度,φ 为岩石应力扩散角)。

4.2.3　多变量共同作用对桩基极限承载力影响分析

单因素作用下桩基承载特性分析结果表明,相比于洞高等因素,溶洞顶板厚度、洞跨对于端承桩极限承载力的影响更明显。由于实际岩溶地区桩基承载特性往往是多因素共同作用的结果,所以,为了更准确地探究溶洞对于端承桩极限承载力的影响,作者根据单因素作用下桩基承载特性分析结果,选取对承载特性影响最明显的溶洞跨度与顶板厚度作为分析变量,并保持相应厚跨比 h/L 共同变化,在不同的溶洞形态条件下分析组合因素对岩溶桩基承载特性的影响。

1. 不同厚跨比 h/L 时桩基承载特性分析

分别选取 $h/L=0.5$、2/3、1,针对不同的工况使溶洞跨度与顶板厚度保持固定厚跨比 h/L 变化,而其他因素均固定不变,分别确定长方体溶洞形态桩基加载至极限状态下桩顶平均应力。其典型的加载曲线如图 4.11 所示。

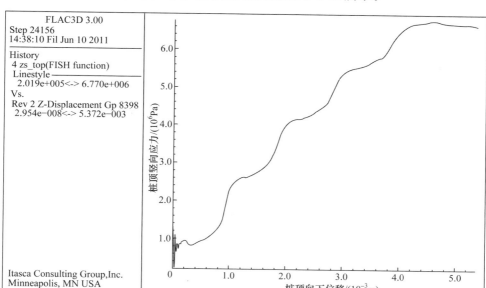

图 4.11　长方体溶洞形态桩基典型的加载曲线

　　溶洞跨度与顶板厚度共同变化对岩溶桩基承载特性的影响曲线如图 4.12～图 4.14 所示。在顶板厚度单独作用下,桩基的承载力随顶板厚度的增加而增大;而溶洞跨度的增大却使得桩基承载力呈现下降趋势。由曲线可知,当 $h/L=2/3$、1 时随着溶洞跨度与顶板厚度同步增加,桩基的极限承载力增长趋势明显,此时顶板厚度对桩基极限承载力的影响更为明显。当 $h/L=0.5$ 时,长方体和圆柱体溶洞形态的桩基承载力在跨度达到 $3d$ 后基本保持不变,而椭球体溶洞形态桩基则在顶板厚度达到 $2.5d$ 后承载力明显增长,并在顶板厚度达到 $3.5d$ 后趋于平缓。

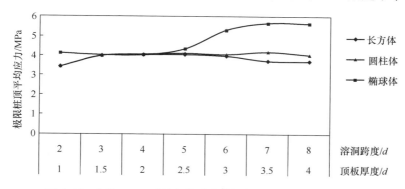

图 4.12　$h/L=0.5$ 时长方体形态溶洞极限桩顶平均应力曲线

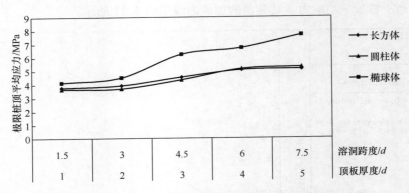

图 4.13　$h/L=2/3$ 时长方体形态溶洞极限桩顶平均应力曲线

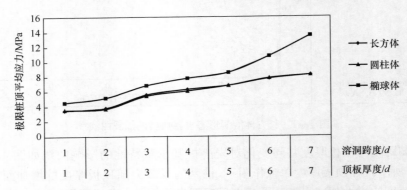

图 4.14　$h/L=1$ 时长方体形态溶洞极限桩顶平均应力曲线

当 $h/L=2/3$、1 时,由于 h/L 值较大,随着溶洞跨度与顶板厚度的增加,顶板的主要破坏形式为桩端对顶板的冲切破坏,而顶板的抗冲切力主要依赖于顶板的厚度,与洞跨无关,因此桩基承载力会相应增大。但当 $h/L=0.5$ 时,随着溶洞跨度与顶板厚度的增加,顶板的主要破坏形式为顶板在桩端荷载作用下的受弯破坏,其桩基承载力则受洞跨与顶板厚度共同制约。顶板厚度增加导致的承载力增长与洞跨增加导致的承载力下降基本抵消。因此,当洞跨达到 $3d$ 后桩基极限承载力变化不大。

2. 不同溶洞形态桩基承载特性分析

在长方体溶洞形态之外,再选取圆柱体和椭圆体形态溶洞,分析在溶洞跨度与顶板厚度相互作用下岩溶桩基承载特性分析。选取 $h/L=1$、1.5、2,分别针对确定圆柱体和椭圆体溶洞形态桩基加载至极限状态下桩顶平均应力。其典型加载曲线如图 4.15 和图 4.16 所示,对三种溶洞形态岩溶桩基绘制溶洞跨度与顶板厚度共同变化对岩溶桩基承载特性的影响曲线,如图 4.17～图 4.19 所示。

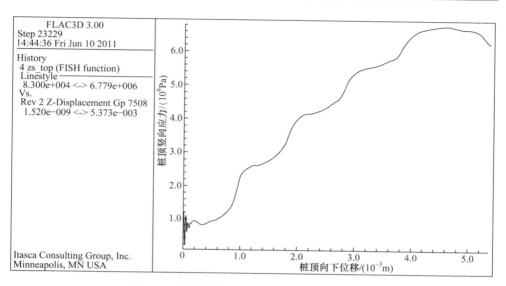

图 4.15　圆柱体溶洞形态桩基典型的加载曲线

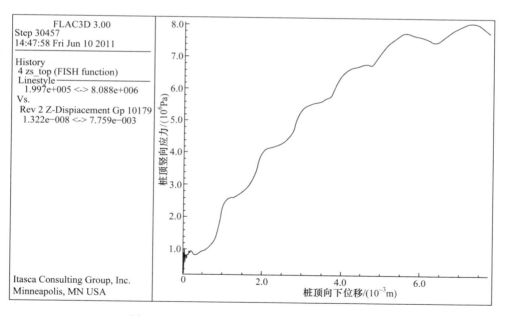

图 4.16　椭球体溶洞形态桩基典型的加载曲线

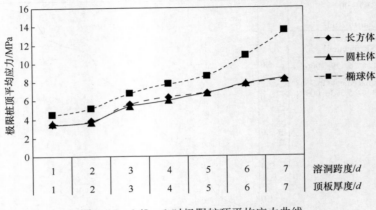

图 4.17　$h/L＝1$ 时极限桩顶平均应力曲线

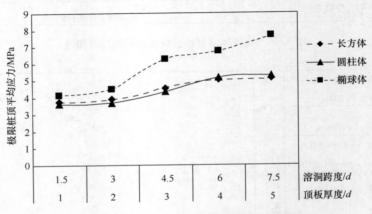

图 4.18　$h/L＝1.5$ 时极限桩顶平均应力曲线

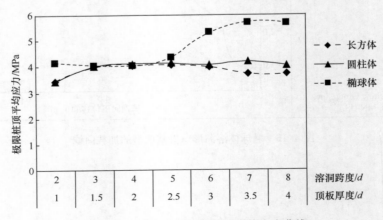

图 4.19　$h/L＝2$ 时极限桩顶平均应力曲线

　　通过对比以上曲线可知：由于长方体溶洞和圆柱体溶洞其顶板都接近平板，受力性能接近，从而导致其对桩基承载力的影响几乎无明显差别。

　　相比于长方体以及圆柱体溶洞的平板形顶板，由于曲线形态的椭球体溶洞顶板在上部荷载的作用下更易于成拱，桩基的破坏模式表现为顶板成拱后的受压破坏，有利于上部荷载的向下传递，其相应的极限承载力较其他两种溶洞形态的桩基要高。由三种不同溶洞形态下桩顶平均应力曲线可知，随着洞跨与顶板厚度的增加，这种承载力的差距呈现扩大趋势。但拱效应的形成与洞跨密切相关，在 $h/L=0.5$ 时随着洞跨增长到 $7d$，椭球体溶洞顶板的破坏模式逐渐由顶板成拱后的受压破坏变为顶板的受弯破坏，相应的桩基承载力趋于平缓。

　　溶洞的几何形态成为影响溶洞稳定性的敏感因素之一，主要是由于岩石的抗压强度比抗拉强度大得多，即岩石抗压不抗拉。因此，当溶洞的几何形状使得岩石的主要受力状态为受压力时，溶洞就较为稳定；当溶洞的几何形态使得岩石的主要受力状态为受拉力时，溶洞就不够稳定。另外，当溶洞的几何形态不会产生较大的应力集中时，溶洞就会相对较为稳定。

3. 关于顶板厚跨比法的探讨

　　顶板厚跨比法简单的依据顶板厚跨比 h/L 判定溶洞稳定性存在一些不足。首先，该方法在使用过程中并没有明确区分不同溶洞形态条件下的判别标准。根据分析结果，椭球体溶洞形态条件下的桩基承载力明显高于长方体和圆柱体溶洞形态条件下的桩基，说明溶洞的几何形态是影响溶洞稳定性的敏感因素之一，在评价溶洞稳定性时理应将其考虑在内。溶洞稳定性主要取决于其顶板稳定性，因此可根据溶洞顶板形态的不同对溶洞进行分类，然后根据不同的溶洞顶板形态分别确定其安全厚跨比临界值。

　　此外，依据经验所取的溶洞顶板安全厚跨比临界值并没有经过有效的理论和实验分析，其取值有待进一步讨论。对比图 4.17～图 4.19 可知，无论是在椭球体、长方体还是圆柱体溶洞形态条件下，当顶板厚度 $h<2d$ 时，顶板厚度相同、厚跨比不同的桩基承载力特性差别很小，其极限桩顶平均压应力差值均在 $0.5\mathrm{MPa}$ 以内，说明此时利用厚跨比法评价溶洞稳定性并不合理。当顶板厚度 $h>2d$ 时，椭球体溶洞形态条件下的桩基承载力特性随着厚跨比的不同，变化明显；而长方体和圆柱体溶洞形态条件下的桩基承载力特性对于厚跨比的变化相对不敏感。因此，对于椭球体、长方体和圆柱体溶洞形态条件下的岩溶桩基，其安全厚跨比临界值应分别选取。对比不同厚跨比下的桩基承载力曲线，建议长方体和圆柱体溶洞形态条件下的岩溶桩基安全厚跨比临界值选为 1，而椭球体形态条件下的岩溶桩基安全厚跨比临界值选为 2/3。

4.3　岩溶地区桩基承载力修正

鉴于现有物探技术的局限性,实际工程中很难从面上对岩溶有定量的把握,特别是在评价溶洞形态参数时,对溶洞的跨度和溶洞中心偏离桩基轴线的水平距离都很难准确地测得。因此,实际工程中对桩基极限承载力作评价时也很难做定量的计算。但是从空间上,钻探技术相对成熟和易行,对于桩位下溶洞的垂直分布、溶洞的洞高以及桩端距离溶洞顶面的距离(顶板厚度)都可以准确定量取得。同时,根据现有现场数据以及数值模拟计算结果并结合相应的理论分析对于岩溶地区的桩基极限承载力给出如下假定:

(1)岩溶地区桩基极限承载力由极限桩端阻力、桩周土极限侧摩阻力和入岩段桩周极限侧摩阻力三部分组成,并且三个组成部分相互独立,各自的发挥程度相互独立,互不影响。

(2)溶洞洞高对桩基承载力特性影响很小,此处不考虑洞高对桩基承载力特性的影响。

(3)认为溶洞位于桩轴线的正下方,不考虑溶洞偏心距离对桩基承载力特性的影响,因为溶洞偏心有利于桩基承载力的提高,这样考虑使设计趋于安全。

(4)认为桩端下的溶洞都是大溶洞,溶洞顶板都超过了桩端的应力扩散范围,顶板在桩端承力的作用下表现为圆锥形冲切破坏。

(5)顶板跨度的变化对桩基承载力特性有一定的影响,但不作为主要影响因素。顶板厚度直接影响桩基极限承载力。

(6)岩体性质(裂隙发育、节理、结构面等)对桩基极限承载力的影响独立于溶洞对桩基承载力的影响。

岩石单轴抗压强度的确定:本书主要参考广东省江肇高速公路地质勘察资料,桩端持力层基岩以灰岩为主。本计算分析中考虑基岩为灰岩,其单轴极限抗压强度取 50MPa。此外,桩端持力层岩石实行处于三轴围压状态,岩石在桩端的压力下所表现的抗力远远大于其单轴极限抗压强度。因此,本节计算较为保守,但偏安全。

本曲线拟合的实用范围为 $0\sim6d$(包括顶板厚度、顶板跨度、洞高、偏心距离、岩石性质),主要通过三阶多项式拟合和指数拟合并对比之前所得结果分析,找出最优化的拟合曲线并运用于工程计算中。

4.3.1　顶板厚度对桩端承力影响曲线拟合分析

在其他因素不变的前提下,溶洞顶板厚度在 $0.5d\sim6d$ 范围内的拟合公式如以下三阶多项式:

$$y=-0.0063x^3+0.0725x^2-0.0822x+0.0755 \tag{4.17}$$

三阶多项式拟合的拟合范围较有限(图 4.20),因此从 $6d$ 推广到 $8d$ 时需作简单的修正,修正后可得顶板厚度对端承力的影响因子见表 4.7。

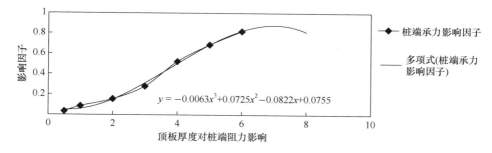

图 4.20　顶板厚度对端承力的影响拟合曲线

表 4.7　顶板厚度对端承力的影响因子

厚度/d	0	1	2	3	4	5	6	7	8
影响因子	0.00	0.07	0.15	0.29	0.51	0.69	0.83	0.89	1.00

注:当顶板厚度超过 $8d$ 后,溶洞对桩基承载力特性的影响为 0。介于两值之间的数值通过线性插值求得。修正采用关键点的原有数据加上拟合数据并取平均值,无原有数据的直接采用拟合值,同时必须考察拟合数据的科学性和真实性

4.3.2　顶板厚度对桩侧摩阻力影响曲线拟合分析

在其他因素不变的前提下,溶洞顶板厚度在 $0.5d \sim 6d$ 范围内的拟合公式如以下三阶多项式公式:

$$y=-0.0098x^3-0.1189x^2+0.467x+0.3447 \tag{4.18}$$

三阶多项式拟合的拟合范围较有限,因此从 $6d$ 推广到 $8d$ 时需作简单的修正,修正后可得顶板厚度对侧摩阻力的影响因子,如图 4.21 和表 4.8 所示。

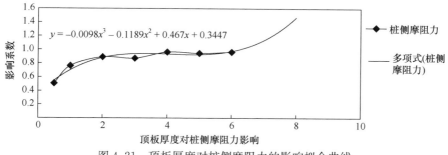

图 4.21　顶板厚度对桩侧摩阻力的影响拟合曲线

表 4.8 顶板厚度对侧摩阻力的影响因子

厚度/d	0.5	1	2	3	4	5	6	7	8
影响因子	0.53	0.73	0.89	0.91	0.95	0.96	0.97	0.99	1.00

注:当顶板厚度超过 $8d$ 后,溶洞对桩基承载力特性的影响为 0。介于两值之间的数值通过线性插值求得。修正采用关键点的原有数据和拟合数据的平均值,无原有数据的直接用拟合值,但必须考察拟合数据的科学性和真实性

基于桩基规范经验公式法,为了计算的简易性,溶洞对桩基承载力特性的影响分别通过其对端阻力的折减系数和其对总侧摩阻力的折减系数来确定。修正后的岩溶地区桩基极限承载力公式为

$$[R_a] = c_1 k_1 A_p f_{rk} + k_2 (u \sum_{i=1}^{m} c_{2i} h_i f_{rki} + \frac{1}{2} \zeta_a u \sum_{i=1}^{n} l_i q_{ik}) \qquad (4.19)$$

式中,$[R_a]$ 为单桩轴向受压承载力容许值(kN),桩身自重与置换土重(当土重计入浮力时,置换土重也计入浮力)的差值作为荷载考虑;c_1 为根据清孔情况、岩石破碎程度等因素而定的端阻发挥系数,按表 4.9 采用;k_1 为根据溶洞顶板厚度而定的端阻折减系数,按表 4.10 采用;A_p 为桩端截面面积(m^2),对于扩底桩,取扩底截面面积;f_{rk} 为桩端岩石饱和单轴抗压强度标准值(kPa),黏土质岩取天然湿度单轴抗压强度标准值,当 f_{rk}<2MPa 时按摩擦桩计算(f_{rki} 为第 i 层的 f_{rk} 值);k_2 为根据溶洞顶板厚度而定的总侧阻发挥系数,按表 4.10 采用;c_{2i} 为根据清孔情况、岩石破碎程度等因素而定的第 i 层岩层的侧阻发挥系数,按表 4.9 采用;u 为各土层或各岩层部分的桩身周长(m);h_i 为桩嵌入各岩层部分的厚度(m),不包括强风化层和全风化层;m 为岩层的层数,不包括强风化层和全风化层;ζ_a 为覆盖层土的侧阻力发挥系数,根据桩端 f_{rk} 确定,当 2MPa$\leqslant$$f_{rk}$<15MPa 时,$\zeta_a$=0.8,当 15MPa$\leqslant$$f_{rk}$<30MPa 时,$\zeta_a$=0.5,当 f_{rk}>30MPa 时,ζ_a=0.2;l_i 为各土层的厚度(m);q_{ik} 为桩侧第 i 层土的侧阻力标准值(kPa),宜采用单桩摩阻力试验值;n 为土层的层数,强风化和全风化岩层按土层考虑。

表 4.9 系数 c_1、c_2 值

岩石层情况	c_1	c_2
完整、较完整	0.6	0.05
较破碎	0.5	0.04
破碎、极破碎	0.4	0.03

注:① 当入岩深度小于或等于 0.5m 时,c_1 乘以 0.75 的折减系数,c_2=0。② 对于钻孔桩,系数 c_1、c_2 值应降低 20% 采用;桩端沉渣厚度 t 应满足以下要求:d≤1.5m 时,t≤50mm;d>1.5m 时,t≤100mm。③ 对于中风化层作为持力层的情况,c_1、c_2 应分别乘以 0.75 的折减系数

表 4.10　系数 k_1、k_2 值

厚度/d	0.5	1	2	3	4	5	6	7	>8
k_1	0.02	0.07	0.15	0.29	0.51	0.69	0.83	0.89	1.00
k_2	0.53	0.73	0.89	0.91	0.95	0.96	0.97	0.99	1.00

注:当顶板厚度达到 $8d$ 时,可认为溶洞对桩基承载力特性没有影响

第5章 岩溶地区桥梁桩基设计理论

5.1 岩溶地区桩基设计概述

5.1.1 概述

端承桩是指桩端进入坚硬的持力层(如石灰岩、花岗岩等)的一类桩体,其形式主要以大直径钻孔灌注桩为主。端承桩以单桩承载力高,桩体沉降小而被广泛应用于各大工程中(Ho et al.,2002;聂如松等,2008;Comodromos et al.,2009;骆正荣等,2009)。然而端承桩需要使桩端达到一定的入岩深度,因此入岩后的施工难度也大大增加;再者近年来不少学者提出:并非桩端的入岩深度越大,单桩的极限承载力就越大(崔科宇等,2010;Ooi et al.,2010)。已有试验证明:在入岩深度为2倍桩径处,出现嵌固力最大值,随着入岩深度的增加,嵌固力呈螺旋线形消减,入岩深度达到5倍桩径后,嵌固力已基本消失。目前对于端承桩嵌岩段承载机理的研究还没有形成统一的认识。端承桩嵌岩段的工作机理不仅受静态的嵌入深度、岩体特性、桩与岩界面(包括侧界面和底界面)特性的影响,还随荷载水平和时间的变化而变化(Zhang and Einstein,1998;钱晓丽,2005;Nia et al.,2006;张建新和吴东云,2008)。因此,根据不同的工程情况,确定合适的桩端嵌岩深度不仅是为了减小施工难度的需要,而且是为了更好地发挥桩基承载力的需要。

广东省地处祖国南疆,东南临海,地壳表层多半是沉积而成,石灰岩、白云岩、石膏等岩层分布广泛。由于地下水和地表水的长期作用,这些岩层产生溶蚀,以致沿岩层的构造形成各种岩溶现象。岩溶地区端承型桩设计则有自己的特点,虽然国家规范还没有明确的规定,但是实际工程设计中端承型桩的嵌岩深度一般为1.5d左右,桩端持力层完整顶板基岩厚度不得小于3d(桩径);尽管如此,岩溶地区的桩基设计中很多时候会出现满足了嵌岩深度,但不能满足持力层顶板厚度;满足了持力层顶板厚度又不能满足嵌岩深度的尴尬局面。因此,对于岩溶地区的端承桩在嵌岩深度的优化取值上显得更加困难,也更加重要。

5.1.2 目前国内外对端承桩入岩深度的研究

最大嵌岩深度和最佳嵌岩深度一直以来都是端承桩设计重要的参数。嵌岩深度越大,桩-岩之间侧阻分担的荷载越大,相应的桩底承担的荷载减少;特别对于桩基以下存在溶洞的情况,嵌岩深度越大,溶洞顶板的有效安全厚度便减小。目前国内外对于端承桩的合理嵌岩深度有各种不同的看法,主要研究结论有如下内容:

(1)《建筑桩基技术规范》(JGJ 94—2008)指出,当岩面较为平整且上覆土层较厚时,嵌岩深度宜采用 $0.2d(d$ 为桩径)或不小于 0.2m。

（2）明可前(1998)通过试验认为 4 倍桩径为端承桩的最佳嵌岩深度。

（3）吕福庆等(1996)根据 19 个工程 71 根端承桩径实验结果,认为对于最佳嵌岩深度和最大嵌岩深度,应当根据具体工程进行具体分析为好。

（4）林天健(1999)认为嵌岩深度在可能条件下,宜浅不宜深,认为嵌岩深度应考虑区分硬质岩石和软质岩石,硬质岩石控制在 $(50+20)$ cm,软质岩石以控制在 $(80+20)$ cm。

（5）Pells 和 Turner(1979)假设岩石的端阻和桩岩交界面的侧阻全部发挥,根据已知的桩径 d,求出桩端承担的反力值 Q_b,采用总的设计荷载 Q 减去端阻得到侧阻 Q_s,进而求出嵌岩深度 $L=Q_s/(\pi D\tau)$。

（6）刘树亚和刘祖德(1999)认为,影响端承桩承载性能的因素众多,每个因素都会影响到端阻分担荷载比 Q_b/Q 值。同时,端承桩侧阻和端阻的发挥不一致,端阻和侧阻各发挥承载力的多少份额算是最佳配合难以定论。因此,从理论上说,给最大嵌岩深度和最佳嵌岩深度一个定值似乎缺乏理论基础。

（7）广东省公路勘察规划设计院股份有限公司提出:岩溶地区的端承桩设计中应保证顶板安全厚度不小于 3 倍的桩径;桩端嵌岩深度宜取 1.5 倍的桩径。

从以上国内外对于端承桩的最佳嵌岩深度和最大嵌岩深度的各种不同的说法可以看出:端承桩的理论体系并不成熟,岩溶地区的端承桩理论体系则更不完善。因此实际工程中不能一味地根据规范行事,特别对于岩溶地区的端承桩设计更应该从实际出发,根据不同的地质条件和岩溶的发育情况,并结合以往的工程经验,提出合理的设计方案。以下将主要通过数值模拟的方法并从两个方面对岩溶地区的端承桩的受力特性进行分析,为后续在岩溶地区的端承桩设计提供一定的理论参考。

5.1.3　溶洞顶板厚度一定情况下嵌岩深度变化对桩基承载力的影响

在确定顶板厚度为 $2d$,桩顶加载 8MPa 时,通过对桩端嵌岩深度的改变(0.5d ~5d),通过对桩身轴力变化的监测数据分析不同嵌岩深度对桩基承载力特性的影响。桩身轴力监测数据见表 5.1。

表 5.1　桩身轴力监测表

深度/m	$0.5d/10^6$	$1d/10^6$	$2d/10^6$	$3d/10^6$	$4d/10^6$	$5d/10^6$
-0.5	-8.27	-8.27	-8.27	-8.27	-8.27	-8.27
-1.0	-8.26	-8.27	-8.27	-8.27	-8.27	-8.27
-1.5	-8.24	-8.24	-8.24	-8.25	-8.24	-8.25
-2.0	-8.22	-8.22	-8.22	-8.22	-8.22	-8.22
-2.5	-8.19	-8.20	-8.19	-8.20	-8.19	-8.20

续表

深度/m	$0.5d/10^6$	$1d/10^6$	$2d/10^6$	$3d/10^6$	$4d/10^6$	$5d/10^6$
−3.0	−8.16	−8.17	−8.17	−8.17	−8.17	−8.17
−3.5	−8.13	−8.14	−8.14	−8.15	−8.14	−8.15
−4.0	−8.10	−8.11	−8.11	−8.12	−8.10	−8.11
−4.5	−8.07	−8.08	−8.07	−8.08	−8.07	−8.08
−5.0	−8.03	−8.04	−8.04	−8.05	−8.03	−8.04
−5.5	−7.99	−8.00	−8.00	−8.01	−7.99	−8.01
−6.0	−7.95	−7.96	−7.96	−7.97	−7.95	−7.97
−6.5	−7.90	−7.92	−7.91	−7.92	−7.91	−7.92
−7.0	−7.85	−7.87	−7.86	−7.87	−7.86	−7.88
−7.5	−7.80	−7.82	−7.81	−7.82	−7.81	−7.83
−8.0	−7.75	−7.77	−7.76	−7.77	−7.76	−7.78
−8.5	−7.69	−7.71	−7.70	−7.72	−7.70	−7.72
−9.0	−7.63	−7.65	−7.64	−7.66	−7.64	−7.66
−9.5	−7.57	−7.59	−7.58	−7.59	−7.58	−7.60
−10.0	−7.50	−7.52	−7.51	−7.53	−7.51	−7.53
−10.5	−7.42	−7.44	−7.44	−7.45	−7.43	−7.46
−11.0	−7.34	−7.37	−7.36	−7.37	−7.35	−7.25
−11.5	−7.25	−7.28	−7.27	−7.28	−7.26	−6.83
−12.0	−7.15	−7.19	−7.17	−7.18	−7.02	−6.45
−12.5	−7.05	−7.09	−7.06	−7.09	−6.54	−6.13
−13.0	−6.94	−6.98	−6.96	−6.79	−6.13	−5.73
−13.5	−6.82	−6.86	−6.85	−6.23	−5.77	−5.46
−14.0	−6.70	−6.76	−6.48	−5.74	−5.46	−5.09
−14.5	−6.59	−6.65	−5.76	−5.34	−5.17	−4.61
−15.0	−6.49	−6.11	−5.11	−4.80	−4.58	−4.02
−15.5	−5.72	−5.07	−4.50	−4.28	−4.05	−3.54
−16.0	−4.23	−4.02	−3.72	−3.47	−3.26	−3.03

注:加灰底数据为侧摩阻力发挥情况

　　从图5.1中可以看出,下部一段曲线相对比较平缓,主要是由于桩周土侧摩阻力的发挥使桩身轴力平缓下降;每条曲线的转折点即为岩、土的交界面;转折点后曲线的斜率大体反映了桩周岩层的侧摩阻力发挥情况,而终点处各条曲线所对应的应力即为桩端岩层的端承力。从图中可以直观地看出,岩石层的侧摩阻力明显超过土层的侧摩阻力;随着嵌岩深度的增加,后段的曲线斜率逐渐减小,这是由于,嵌岩深度的增加会影响岩层极限侧摩阻力的发挥,同时当嵌岩深度增加时桩端的端承力会减小。增大嵌岩深度只是大大地提高了桩周岩层的侧摩阻力,却不利于桩端持力层端承力的发挥。因此当桩端基岩完整性较好,持力层厚度较大时,一味地追求嵌岩深度,既增大了施工难度,又不能很好地提高桩基承载力,此做法不可取。因此,当桩端持力层完好时,可得出以下结论:

（1）随着嵌岩深度的增加,桩端侧摩阻力随之增加,桩端承力随之减小。当嵌岩深度达到 $5d$ 时,桩体的侧摩阻力占桩基极限承载力的主要部分。

（2）当 $E_岩/E_土 \geqslant 100$ 时,嵌岩深度宜取 $0.5d \sim 2d$;当 $100 > E_岩/E_土 \geqslant 20$ 时,嵌岩深度宜取 $2d \sim 3d$;当 $E_岩/E_土 < 20$,嵌岩深度宜取 $3d \sim 6d$。

（3）桩端适量的沉渣可在一定的程度上增加侧摩阻力,可在设计的基础上适当减小嵌岩深度。

（4）当泥皮、岩层裂隙影响较大时,宜适当增加桩端嵌岩深度。

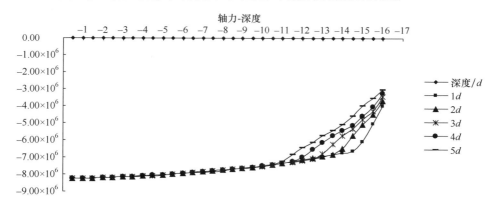

图 5.1　轴力-深度关系图

5.1.4　相互制约条件下嵌岩深度变化对桩基承载力的影响

图 5.2 所示的计算模型是对实际情况的真实反映,即地质条件（土层厚度、基岩深度、溶洞各项参数）确定的情况下,通过对桩长的加长来加大桩端的嵌岩深度。本计算反映桩长从 16m 到 20m、嵌岩深度从 1m 到 5m、溶洞顶板厚度从 5m 到 1m 的变化过程。通过速度加载,确定桩基-溶洞体系的极限状态,最终寻求在各种嵌岩深度下的桩基,在极限状态下的承载力特性。具体的计算结果整理见表 5.2。

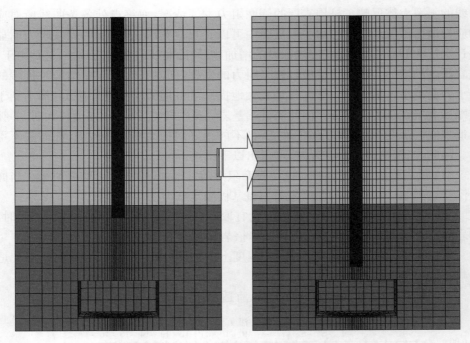

图 5.2　模型变化过程(嵌岩深度 $1d\sim5d$)

表 5.2　相互制约条件下嵌岩深度变化对桩基承载力特性的影响计算结果

嵌岩深度/d	顶板厚度/d	桩顶位移/mm	岩土界面桩身位移/mm	桩端位移/mm	嵌岩段桩土相对滑移距离/mm	嵌岩段桩岩平均滑移距离/(mm/d)	嵌岩段桩侧摩阻力/MPa	嵌岩段桩平均侧摩阻力/(MPa/d)	桩端承载力/MPa	桩基极限承载力/MPa
1	5	32	14.7	13.4	1.3	1.30	2.1	2.1	27.1	32.6
2	4	22	9.4	7.8	1.6	0.80	3.2	1.6	16.4	23.4
3	3	14	5.6	4.2	1.4	0.47	4.2	1.4	9.0	15.7
4	2	10	3.5	2.3	1.2	0.30	4.7	1.2	5.4	12.3
5	1	6	2.1	1.3	0.8	0.16	3.5	0.7	2.3	7.8

　　实际工程中的大直径钻孔灌注桩,由于泥皮、成桩质量等影响因素的存在,嵌岩段桩侧摩阻力并不能发挥到最佳状态,因此在端承桩的设计中更应该注重桩端阻力的发挥。特别对于不良地质条件下桩端嵌岩深度和顶板厚度双制约情况发生时,更应该做出合理的嵌岩设计。从图 5.3～图 5.5 和表 5.2 中可以得到如下结论:

　　(1) 由于岩石(特别对于岩质较好的硬岩)的弹性模量很大,桩岩很小的相对滑移量(1～3mm)便能使桩岩段的侧摩阻力完全发挥。同时在不考虑沉渣影响的条件下桩端对岩石很小压缩量也能使岩石的端承力得到发挥。

(2)要绝对避免工况一情况(嵌岩深度 5d,顶板厚度 1d)的发生,从表中可清晰地看出,嵌岩端桩岩相对滑移距离为 0.8mm($<$1mm);嵌岩段的平均侧摩阻力为 3.5MPa/m(为所有工况中最小的)。此工况中溶洞顶板厚度太薄,在桩身位移沉降很小时,顶板随即破坏。虽然嵌岩深度很大,但却不能完全发挥极限阻摩阻力,因此应绝对避免这种情况的发生。

(3)端承桩的设计中永远不能忘记如何有效地提高桩端承载力,特别对于桩长小于 40m 的情况下。从表 5.2、图 5.4 和图 5.5 中可以看出,当嵌岩深度的增加,嵌岩段的总侧摩阻力增加的斜率远远小于其桩端承载力下降的斜率;同时,随着嵌岩深度的增加,嵌岩段的平均侧摩阻力也有下降的趋势。因此盲目地增加桩端的嵌岩深度是不可取的,也是不符合工程要求的。

(4)当嵌岩深度+顶板厚度≤6d 时,应按双制约因素考虑。在保证溶洞顶板厚度达到 3d 以上的情况下,根据地质条件、上部荷载情况、工程施工难度来确定桩端嵌岩深度。

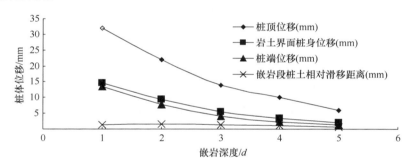

图 5.3　嵌岩深度-桩体位移

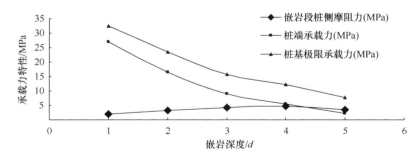

图 5.4　嵌岩深度-承载力特性

但是,以上的两种计算均没有考虑岩石受三轴围压应力的体积剪胀效果,有学

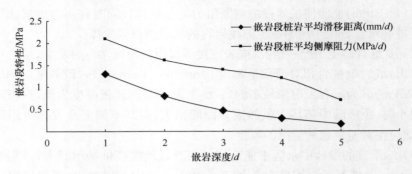

图 5.5　嵌岩深度-嵌岩段摩阻力特性

者研究表明,岩石剪胀角越大,岩面侧摩阻力越集中,桩端阻力越小。因此岩石的前胀作用对于端承桩的承载力特性也有所影响。然而实践工程中,桩端混凝土不可能与岩石紧密接触,同时泥皮也会大大减小这种剪胀作用的影响,因此这两种计算更能真实反映实际工程的具体情况。

此外,规范中对于端承桩的桩端阻力的计算是依据岩石的单轴抗压极限承载力作为计算参数,实际情况是桩端岩石受三轴围压应力作用,其抗压强度会显著提升,因此计算极限承载力远远小于真实情况,表明数值模拟计算很好地减小了此误差。

5.1.5　岩溶地区端承桩设计理念

在综合分析完整基岩和双制约情况下端承桩的承载力特性后对岩溶地区的端承桩设计做以下建议:

（1）岩溶地区端承桩桩基选形以圆形截面桩为主,技术支持条件下宜采用"糖葫芦"形变截面桩、螺旋形截面桩、桩端扩大头桩。

（2）岩溶地区端承桩桩基桩径应根据设计承载力确定,并兼顾桩端持力层溶洞影响。当顶板跨度不大时,桩径宜取 $d \geqslant l - 2h\tan\theta$（$l$ 为顶板跨度,h 为顶板厚度,θ 为岩石应力扩散角）。

（3）岩溶地区端承桩桩长设计应根据地质条件确定。当完整基岩厚度小于 3 倍桩径,基岩裂隙发育时,桩端应穿越溶洞进入下层基岩。

（4）岩溶地区端承桩嵌岩深度确定应遵循"宜浅不宜深,优先保证顶板安全厚度"的原则。嵌岩深度可根据基岩的特点（裂隙节理、岩溶发育程度、岩性、厚度等）在 $1d \sim 3d$ 范围内取最优化值。

（5）尽量减小泥皮的不良影响,当顶板厚度接近临界值时,可适当保留桩底一部分沉渣,发挥最大的桩身侧摩阻力,减小桩端承力。特别地,对于长度小于 30m 的短桩时,应考虑桩侧摩阻力的发挥情况。

（6）对于引江、海工程，若上覆盖层为较厚的淤泥质土，土性较差，应适当地增加桩端嵌岩厚度，宜取 $3d\sim6d$，一方面保证嵌岩段的侧摩阻力，另一方面有效地提高桩基的抗倾覆能力，减少桩基的偏位。

5.2　岩溶地区桩基设计理论

5.2.1　岩溶地区桥梁桩基设计规定

岩溶地区的桩基设计原则应符合下列规定：
（1）岩溶地区的桩基，宜采用钻、冲孔桩。
（2）当上部荷载不大时，可考虑用挤土型预制桩。
（3）当单桩荷载较大，岩层埋深较浅时，宜采用端承型桩。
（4）当基岩面起伏很大且埋深较大时，宜采用摩擦型端承桩。
（5）当基岩埋深不深，基岩下溶洞发育强烈，桩端没有较好的持力层，可采用小直径摩擦型群桩（预制挤土型桩），并采用后注浆技术对桩端进行加固。

5.2.2　岩溶地区桩基设计理论

由于岩溶发育造成的复杂工程地质条件，桥梁设计时的有关地基设计参数如何取值一直为设计者所关注。合理的参数值，既可保证桥梁工程的质量，又可降低工程造价。

通常情况下，岩溶地区的桩基设计考虑两种情况：①岩溶现象只在埋深较浅的局部出现，桩基可以穿过溶洞嵌入完整的持力层内，桩尖以下没有溶洞，与一般的端承桩差别不大。②溶洞埋深较深或者多层溶洞出现，桩基贯穿所有溶洞困难，桩底持力层除了要有嵌岩深度外，还要考虑桩底岩层的抗冲切力，保证桩尖至溶洞顶有一定安全厚度，这一安全厚度设计中甚至要达到 5 倍桩径。上述设计处理方案能够满足一般岩溶发育情况，但当岩溶特别发育，如多层溶洞出现，钻孔深度 30 多米尚无厚度 8m 以上的完整岩层时，就无法在满足嵌岩深度 $1d\sim2d$ 的同时保证 5 倍桩径的溶洞顶板厚度。

对桩位下较深范围内，有密集型溶洞和完整岩性埋置较深的情况，或者溶洞分布较浅、顶板较薄无法满足端承桩要求时，可考虑采用摩擦桩，并应考虑基础的不均匀沉降。此时，顶面岩溶层与桩之间亦应采取隔离措施，不得考虑桩身与该顶面岩溶层之间的摩阻作用。置于岩溶地区溶槽或溶沟处的桩基础，当桩穿过溶槽、溶沟内的填充土支立于溶槽底面或溶沟底面的岩层上时，不应考虑多层岩溶层对桩侧起摩阻作用，仅将这种摩阻作用视作安全储备。通常不仅不应考虑多层岩溶层对桩侧的摩阻作用，而在钻孔灌注桩施工过程中应采取措施将多层岩溶层与桩壁之间分隔开，使基桩承受的轴向荷载全部作用于桩底的坚固岩层上，可按支立于一般岩层上的柱桩分析方法进行桩的内力分析。桩的轴向容许承载力应根据溶槽或溶沟底面岩层的稳定性(包括强度和缝隙等情况)确定。

岩溶地区的岩石裂隙发育,赋存丰富的裂隙水和岩溶水,桩基施工可能会出现渗水、漏浆,桩底沉淀土难以清除,在设计中应不计桩尖抗力的作用,以策安全。

此外,设计时应重视桩基负摩擦力的影响。一般地基土石在扰动之后都会在自重的作用下固结下沉,特别是由于大量开采地下水而导致地基软弱层相对桩基固结下沉,因而产生一个向下的摩擦力,即负摩擦力,从而增加了桩基所承受的轴向荷载,甚至可能导致桩基破坏。因此施工时,考虑在中性点(负摩擦力和正摩擦力分界点)以上消除负摩擦力的影响。克服负摩擦力的方法与解决岩溶层桩基破坏方法相似,但本质不同。

对于岩溶地区的嵌岩桩,目前相关规范还没有规定桩底以下完整基岩的厚度。因此,要结合实际情况,采用适当的桩基形式和计算方法。当桥梁墩台下地基有呈上下成串分布的溶洞时,在充分探明溶洞最下层分布的前提下,宜采用直径小于1.5m的钻孔灌注桩。若上面成串分布的溶洞均较小,且有填充物时,可在钻孔至空洞时,先行压浆加固填充,待其凝固到一定强度后再依次往下钻孔压浆,直至按摩擦桩计算所需的桩长。

第6章　岩溶地区桩基设计与计算实例分析

6.1　广东省江肇高速公路西江特大桥南引桥桩基设计

广东省江肇高速公路西江特大桥位于肇庆市鼎湖区永安镇与沙浦镇之间,桥位跨越西江主干流,北岸属肇庆市鼎湖区永安镇,南岸属高要市沙浦镇。西江特大桥起终点桩号为 K82＋252m～K84＋944m,中心桩号为 K83＋598m,全长2697.54m。根据初步设计评审及定测验收意见,跨越西江处采用(128＋3×210＋128)m四塔单索面预应力砼矮塔斜拉桥,跨越西江北堤采用(35.5＋65＋35.5)m 预应力砼连续刚构;全桥跨径组合为[23×30＋5×35＋(128＋3×210＋128)＋5×35＋(35.5＋65＋35.5)＋21×30m,30]m 跨,35m 跨为装配式预应力砼先简支后结构连续小箱梁结构。

南引桥长度为865m,共28跨,0～23♯墩上部为30m 小箱梁,23～28♯墩上部为35m 小箱梁。跨径组合为(23×30＋5×35)m。下部结构均采用分幅 T 型板墩,30m 跨采用 2.5m 厚承台配 2 根 D160cm 的钻孔灌注桩,35m 跨采用 3m 厚承台配 2 根 D180cm 的钻孔灌注桩,均按端承桩设计(图 6.1)。桩基要求进入单轴抗压强度大于 10MPa 的微风化岩石,嵌岩深度为 1.5 倍桩径,持力层不低于 4m。

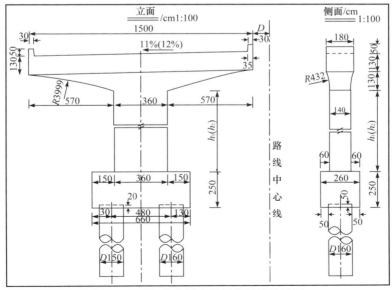

图 6.1　西江特大桥南引桥端承桩设计图

6.2 南引桥段岩溶不良地质问题

6.2.1 岩溶塌陷现象

2009 年 11 月 2 日约凌晨一点,西江特大桥南引桥 0~16♯墩区域发生地面沉陷,影响范围沿路线方向长约 500m,宽 60m,总共发生五处较大地面沉陷,其中 6♯墩附近的地面沉陷最大最严重,直径约 50m。桥位附近的鱼塘和养猪场也有不同程度的影响。沉陷具体位置如图 6.2 所示,4♯墩、15♯墩塌如图 6.3 和图 6.4 所示。

2009 年 11 月 2 日凌晨一点钟,南引桥 14♯B 桩冲进至标高−37.821m(地质钻探资料显示为−38.66~−37.86m 为溶洞,全填充,充填粉质黏土夹砂),发生严重漏浆事故,孔内水头标高一下损失 20m 左右,冲机操作手迅速将锤往上提,提 3m 左右冲锤已拉不动,同时施工人员发现桩基钢护筒开始往下沉,下沉距地面约 3m 周围地层也开始慢慢下沉。该孔位由于有溶洞,根据项目部的施工方案,该孔在开冲前下沉钢护筒 13.5m,然后对该处溶洞进行孔内溶洞单孔压浆处理,共压了 99.1t 水泥浆。

凌晨一点十分,管理人员发现在距 14♯墩桩位约 30m 处的砼路面(15♯墩右幅墩位)开始下沉,路面开始变形,接着该处地面也开始大面积慢慢下沉,范围越来越宽,最终发展为直径约 40m 的大坑。

大约半小时后,施工人员发现 3♯~7♯墩范围内地面有不同程度的开裂,并伴随着慢慢下陷,最终都发展为几十米直径范围的大坑,其中 6♯墩附近的预制场地面下陷最为严重。另外,桥位外的鱼塘和养猪场也有不同程度的坍塌。

6.2.2 南引桥桩基溶洞分布情况

(1) 0♯~18♯墩地质钻资料:20~30m 粉(细)砂层、2~10m 中粗砂、风化岩、微风化岩;覆盖层砂层厚,自稳性差,岩层裂隙发育,溶洞相对较少,但个别溶洞超深:10♯B 桩有层深 10.3m,取样均为微风化灰岩,在终孔位置(−51.865m)发生漏浆,估计裂缝较发育,18♯C 溶洞呈串珠状分布,层深 1~3m,扩散深度深达 37.7m 的溶洞。

(2) 19♯~23♯墩:征地原因,地质未钻探。

(3) 24♯~27♯墩地质钻资料:20m 粉(细)砂层、15m 卵石层、岩层;覆盖层砂层厚,自稳性差;岩层裂隙发育,溶洞较发育区;基本每条桩基都钻探发现存在溶洞,少则一二层溶洞,多则八九层溶洞。

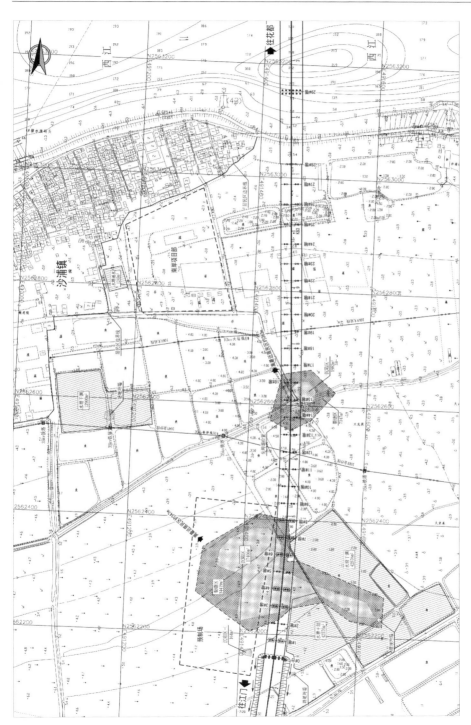

图 6.2　西江特大桥南引桥地面塌陷位置图

图 6.3　4♯墩坍塌处

图 6.4　15♯墩右幅处地面坍塌

各桩基施工中溶洞分布见表 6.1。

表 6.1　南引桥桩基施工状况及溶洞分布情况

桩号	溶洞简介	备注
0♯前 B	两层溶洞,最深为 1.8m,另一个为 0.3m	未施工
0♯前 F	一层溶洞,深为 0.7m	未施工
0♯后 E	一层溶洞,深为 2.7m	未施工

桩号	溶洞简介	备注
2#A	两层溶洞,最深为 11.4m,另一个为 3.5m	已终孔未成桩
2#B	两层溶洞,最深为 2.9m,最浅为 2.3m	成桩
2#D	一层溶洞,深为 0.7m	成桩
4#C	裂隙发育	冲孔至岩面漏浆塌孔,成桩
5#A	一层溶洞,深为 3.2m	成桩
5#B	一层溶洞,深为 7m	准备施工
5#C	两层溶洞,最深为 4.9m,最浅为 1.1m	成桩
5#D	一层溶洞,深为 2.10m	成桩
10#A	二层溶洞,深为 1.7m 与 1.3m	成桩
10#B	两层溶洞,最深为 10.3m,最浅为 4m	施工至 −50.86m
11#B	裂隙发育	冲孔至岩面漏浆塌孔,未成桩
11#C	一层溶洞,深为 2.5m	冲孔至岩面漏浆塌孔,未成桩
12#A	一层溶洞,深为 1.5m	成桩
12#B	一层溶洞,深为 3.2m	成桩
14#B	一层溶洞,深为 0.8m	冲孔至 −37.821m 漏浆塌孔,未成桩
15#D	一层溶洞,深为 0.5m	未施工
16#A	一层溶洞,深为 0.5m	未施工
17#C	一层溶洞,深为 0.4m	未施工
18#A	一层溶洞,深为 0.9m	未施工
18#B	在深 46.7~47m 位置存在一小溶孔	未施工
18#C	串珠状溶洞,层深 1~3m,深达 37.7m	未施工
24#A	七层溶洞,最深为 4.5m,最浅为 0.3m	成桩
24#B	九层溶洞,最深为 3.6m,最浅为 0.2m	成桩
24#C	六层溶洞,最深为 1m,最浅为 0.5m	施工暂停

续表

桩号	溶洞简介	备注
24#D	四层溶洞,最深为4.3m,最浅为0.5m	成桩
25#A	三层溶洞,最深为1.4m,最浅为0.5m	未施工
25#B	七层溶洞,最深为4.2m,最浅为0.3m	漏浆塌孔,未成桩
25#C	四层溶洞,最深为1.7m,最浅为0.9m	未施工
25#D	六层溶洞,最深为10.8m,最浅为0.3m	施工暂停
26#A	两层溶洞,最深为1.9m,最浅为1.2m	未施工
26#B	一层溶洞,为1.72m	未施工
26#C	一层溶洞,为4.01m	漏浆塌孔,未成桩
26#D	裂隙发育	漏浆塌孔二次,未成桩
27#B	两层溶洞,最深为1.1m,最浅为0.9m	漏浆塌孔,未成桩
28#A	一层溶洞,为0.5m	未施工
28#B	裂隙发育	未施工
28#C	裂隙发育	未施工
28#D	两层溶洞,最深为2.78m,最浅为2.07m	施工暂停

6.3　西江特大桥南引桥岩溶桩基分析与塌陷灾害处置

6.3.1　岩溶桩基分析

塌陷前,西江南引桥各桥墩施工情况汇总如下(同一桥墩位置桩基编号以沿路线前进方向从左向右依次为A、B、C、D)。ϕ1.6m桩基:50条,集中在1#～15#墩,1#ABCD、2#BCD、3#ABCD、4#ABCD、5#ACD、6#ABCD、7#ABCD、8#ABCD、9#ABCD、10#ACD、11#D、12#ABCD、13#ABCD、14#ACD、15#B;ϕ1.8m桩基:6条,24#ABD、27#ACD(南引桥16#～28#墩,除24#、28#墩,其余墩未施工);承台12个,1#墩、3#墩、4#墩左右幅、6#墩、7#墩、8#墩左右幅。墩身:3个,3#墩左右幅、4#墩左幅。具体施工进度如图6.5所示。

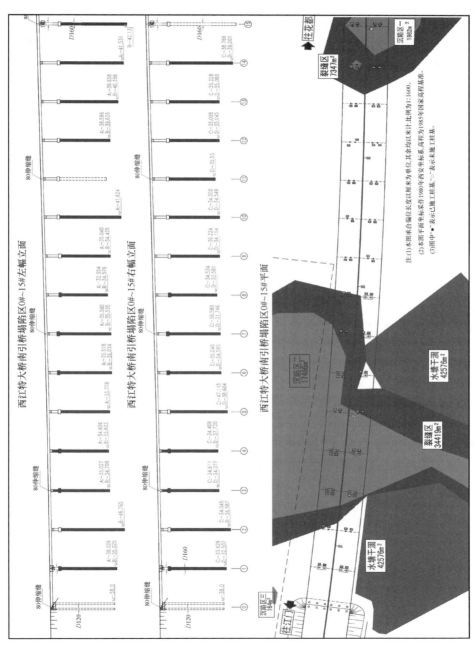

图 6.5　南引桥桩基具体施工进度

　　由于地面塌陷时桩侧土体对桩身的作用机理及力的大小没有相应的理论及计算公式,塌陷时沙层分层流动的情况未知,塌陷后土体的内力布置状况未知,难以准确分析桩身的实际受力情况。本次桩基验算分析采用包络理念,试算在不同假定状况下的桩基受力,力争能相对合理地模拟桩基实际受力状态,得出相对较为合理的评价。

　　桩基建模采用综合分析程序 MIDAS/Civil 2006,桩基按 m 法进行分析,分析采用了三种计算模式进行模拟。

　　计算模式一:桩基处在塌陷后斜坡坡面上的情况,接近此类情况的桩基共 11 根,具体为 3♯ABCD、5♯ACD、6♯AB、7♯AB。

　　计算模式二:桩基处于塌陷中心区域,周围塌陷后地面线较为平整,桩基外露一定高度的情况。接近此类情况的桩基共 4 根,具体为 4♯ABCD。

　　计算模式三:桩基处于塌陷区之外范围,地面未出现明显垮塌(或沉降)的情况。此类情况的桩基共 35 根,具体为 1♯ABCD、2♯BCD、6♯CD、7♯CD、8♯ABCD、9♯ABCD、10♯ACD、11♯D、12♯ABCD、13♯ABCD、14♯ACD、15♯B 等。

　　每种计算模式按承台是否施工分成Ⅰ类和Ⅱ类。Ⅰ类为承台未施工的情况,其按单根桩建模分析;Ⅱ类为承台已施工的情况,由于横桥向桩顶(承台)发生偏位,需建立桩与承台的框架模型计算分析。塌陷后现状桩基验算结论汇总如表 6.2 所示。

　　综合计算分析,初步判定 27 根桩基未超过理论极限强度,23 根桩基已超过理论极限强度。

表 6.2　塌陷后现状桩基验算结论汇总

计算模式			桩基根数	计算未超过理论极限强度的最大容许偏位值	未超过理论极限强度桩基		已超过理论极限强度桩基	
					根数	具体桩基编号	根数	具体桩基编号
计算模式一	塌陷区边缘坡面上	Ⅰ类	3	允许偏位≤9cm	0	—	3	5♯ACD
		Ⅱ类	8	桩基外露长度10m左右,单独纵向偏位≤9cm,或单独横向偏位≤4cm	0	—	8	3♯ABCD、6♯AB,7♯AB

续表

计算模式			桩基根数	计算未超过理论极限强度的最大容许偏位值	未超过理论极限强度桩基		已超过理论极限强度桩基	
					根数	具体桩基编号	根数	具体桩基编号
计算模式二	塌陷区中心	Ⅰ类	0	—	0	无	0	无
		Ⅱ类	4	桩基外露长度在14m,仅纵向偏位≤10cm,或仅横向偏位≤5cm	2	4♯CD	2	4♯AB
计算模式三	塌陷区范围之外	Ⅰ类	23	允许偏位≤5cm	18	2♯BCD、9♯ABCD、10♯ACD、11♯D、12♯BCD、13♯ABCD	5	12♯A、14♯ACD、15♯B
		Ⅱ类	12	仅纵向偏位≤5cm,或仅横向偏位≤2.5cm	7	1♯ABCD、8♯ACD	5	6♯CD、7♯CD、8♯B
			塌陷后受影响桩基共50根		未超理论极限强度桩基27根		已超过理论极限强度桩基23根	

回填过程中,桩基发生了新的偏位,经分析验算,得到以下几个方面的结论:

(1) 有 1 根桩,具体为 13♯B 桩,塌陷后回填前桩基验算,桩基实际受力未超过理论极限强度,在回填后桩基偏位值及方向发生新的变化。经验算,桩基实际受力已超过理论极限强度。

(2) 有 3 根桩,具体为 3♯B、8♯B、12♯A 桩,塌陷后回填前桩基验算,桩基实际受力已超过理论极限强度,但超出不多,在回填后桩基偏位值减小.经验算,桩基实际受力未超过理论极限强度。

(3) 其余桩基在回填前后桩基验算结论一致。

对偏位桩基未采取措施的情况下,与运营荷载组合,根据初步验算结论(表 6.3),桩顶产生偏位的 50 根桩基,21 根未超过理论极限强度,29 根已超过理论极限强度。

表 6.3　与运营阶段组合桩基验算初步结论

工况验算	回填前	回填后	与运营阶段组合后	桩基根数	具体桩基编号
是否超过理论极限强度	未超	未超	未超	19	1#AC、2#BCD、8#A、9#ABCD、10#AC、11#D、12#BCD、13#ACD
	未超	未超	超	7	1#BD、4#CD、8#CD、10#D
	未超	超	超	1	13#B
	超(临界)	未超	未超	2	8#B、12#A
	超	未超	超	1	3#B
	超	超	超	20	3#ACD、4#AB、5#ACD、6#ABCD、7#ABCD、14#ACD、15#B

6.3.2　岩溶桩基处理

1. 已施工桩基的不纠偏利用措施

(1)对偏位较小,未超过理论极限强度的桩基,可直接利用。

(2)对偏位稍大,但未超过理论极限强度的桩基,采用在桩周旋喷桩处理后利用,地表承台周围回填碎石土并压实。

(3)对部分横向偏位较大需打掉承台释放弯矩的桩基,采用桩周旋喷处理,填充桩侧空隙。

其布置如图 6.6 所示。

2. 已施工桩基的纠偏后利用措施

对回填前后验算均未超过理论极限强度,在与运营荷载组合后,验算超过理论极限强度的桩基,需将桩基纠偏在容许的偏位范围内后利用。

通过桩顶或承台施加与偏位反向力等措施,使桩基复位。反力点可考虑邻近反方向桩、计算后已废弃桩、地面堆载等作为纠偏拉力反力点,在桩基偏位反方向侧钻孔,解除一定深度的桩周土体约束。纠偏后先旋喷反方向侧后,再进行钻孔回填,以保证桩基稳定(图 6.7)。

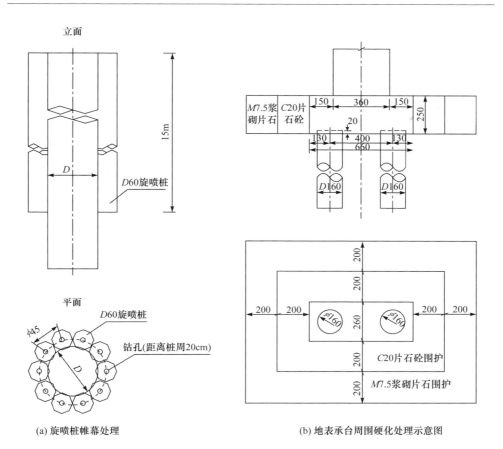

(a) 旋喷桩帷幕处理　　　　　　　　　　(b) 地表承台周围硬化处理示意图

图 6.6　已施工桩基的不纠偏处理示意图

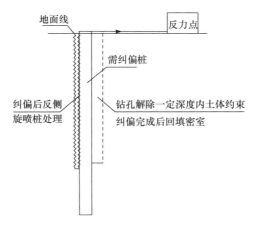

图 6.7　已施工桩基的纠偏处理示意图

3. 补桩处理措施

对需纠偏的桩基,由于处在塌陷区范围之外或回填完成,根据现场纠偏的情况,纠偏效果不理想,据此改用补桩处理方案(原 2 根桩补 1 根)(图 6.8)。

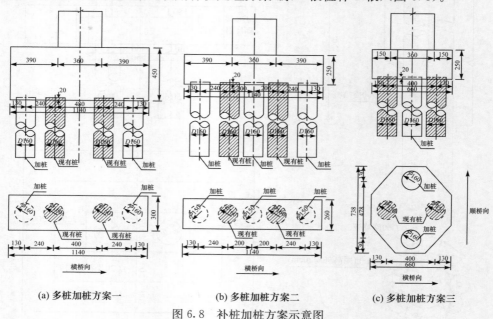

(a) 多桩加桩方案一　　　　(b) 多桩加桩方案二　　　　(c) 多桩加桩方案三

图 6.8　补桩加桩方案示意图

4. 加桩处理措施

对验算废弃桩基,需进行加桩处理,加桩方案如下:对同一桥墩半幅位置,若 1 根桩废弃,另一根桩未施工或未超理论极限强度,在横桥向外侧加 1 根桩;若 2 根桩均已超过理论极限强度,在原桩基两侧加桩,加大、加厚承台,详见图 6.8。

对验算已废弃 22 根桩基,需加桩 22 根。若考虑将纠偏的 5 根桩(4#C、4#D、8#C、8#D、10#D)按上述图示的不纠偏补桩方法,则另需补桩 3 根。

根据现有资料及初步计算成果,各桩的处理方案详见表 6.4。

表 6.4　西江特大桥地面塌陷区岩溶桩基处理方案

序号	处理措施	桩基根数	桩基编号	位移情况		备注
1	直接利用	13	2#BCD、9#BCD、10#AC、12#AB CD、13#A	塌陷坑外	横桥向0~3.0cm	
					顺桥向0~2.0cm	
	桩周旋喷	10	1#ABCD、8#AB、9#A、11#D、13#CD	塌陷坑外	横桥向1~3.0cm	打掉承台3个
					顺桥向1~2.6cm	

序号	处理措施	桩基根数	桩基编号	位移情况		备注
2	方案一：纠偏＋桩周旋喷	5	4♯CD、8♯CD、10♯D	塌陷坑内	横桥向 0.3～1cm	打掉承台 2 个，纠偏桩基 5 根，桩周旋喷 5 根
				塌陷坑外	顺桥向 6.8～8cm	
	方案二：补钻＋桩周旋喷	5	4♯CD、8♯CD、10♯D	塌陷坑内	横桥向 1.3～4cm	打掉承台 2 个，补桩 3 根，桩周旋喷 5 根
				塌陷坑外	顺桥向 2～4.2cm	
3	加桩	22	3♯ABCD、4♯AB、5♯ACD、6♯ABCD、7♯ABCD、13♯B、14♯ACD、15♯B	塌陷坑内	横桥向 1.8～42cm	打掉承台 7 个墩身 3 个
					顺桥向 7.8～69cm	
				塌陷坑外	横桥向 0～19cm	
					顺桥向 4.2～13cm	

　　上述桩基是在一定假设条件下的推测性理论分析，如桩侧由位移土层的厚度为假定、桩身砼的强度为理论值而非实际值等，所以其结果与实际情况可能存在一定出入，建议通过声测、动测等方法对桩基进行进一步的检测评定，视评定情况相应调整处理措施。

　　此外，对桩基偏位值进行复测，以校核现有偏位值，并验证桩基偏位是否稳定。对未施工桩基的施工处理措施，加强地质勘察，摸清溶洞的分布形态、规模，加强施工组织管理，做好应急处理预案，选择合理施工顺序，并要求后续所有桩基施工均采用钢护筒跟进，穿过软弱层、砂层、溶洞，对已探明的溶洞、土洞，特别是桩位处，均要求在施工前进行预注浆处理。

6.4　广东省江肇高速公路西江特大桥南引桥 18♯墩设计方案探讨

6.4.1　18♯墩工程概况及工程地质情况

1. 工程概况

　　上部结构为 30m 先简支后结构连续小箱梁。下部结构为 T 型板墩，2 根 D1.6m 桩基础，单桩设计竖向力为 14000kN。18♯墩为连续墩、19♯墩设置伸缩缝，如图 6.9 所示。

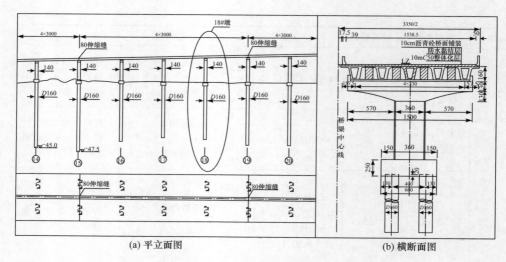

(a) 平立面图　　　　　(b) 横断面图

图 6.9　18#墩原设计方案

2. 工程地质情况

18#墩原设计桩基位置对应钻孔 18C、QJQ71。

（1）18C 孔揭露：高程 $-75.4\sim-37.7m$ 处存在一深度达 38m 的溶洞，这对施工成孔造成极大难度和风险；其下连续基岩仅 6m，且存在溶蚀、漏水现象，难以满足端承桩的要求。

（2）QJQ71 孔揭露：存在约 6m 的溶洞，底部连续基岩 6m，基岩顶部岩心已溶蚀成蜂窝状，部分裂隙面溶蚀成凹凸状。难以满足端承桩的要求。

18#C 桩（钻孔 18C）施工时成孔难度高，风险大，基岩深度大（约 79m）。

6.4.2　18#墩原设计方案及推荐方案

1. 18#墩原设计方案

18#墩原设计基础采用 2 根直径 1.6m 的桩基，原设计图如图 6.9 所示。

2. 补勘后推荐的基础方案

1）独桩基础（桩径约 2.5m）
针对 18E 钻孔和管波资料，提出此方案。
优点：受力明确，造价低。
缺点：大直径超长桩成孔困难，风险较高；由于管波有效直径范围约 1m，桩底基岩的水平分布存在一定的不确定性。

造价:增加约 47 万(已含溶洞处理及深厚软基成桩钢护筒费用,原设计未计)。桥墩方案图如图 6.10 所示。

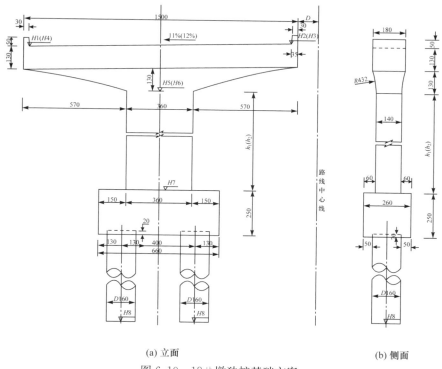

(a) 立面　　　　　　　　　　　　　　　　　　(b) 侧面

图 6.10　18♯墩独桩基础方案

2) 60m 连续梁方案

取消该 18♯墩位,采用(30+60+30)m 连续梁方案。该方案将替代原 4 跨 30m 小箱梁,其他墩位均不动,无需额外补勘(经施工现场了解,17♯～19♯墩基础均未打桩)。由于该方案边中跨比为仅为 0.5,构造上须作特殊设计,设计可行。

优点:可靠性高,无需额外补勘,避开了 18♯墩位溶洞、软基发育区。

造价:增加约 201 万(单幅桥)。

3) 30m 连续梁、简支梁方案

取消该 18♯墩位,在 18♯墩前后各 15m 处增设桥墩,采用(15+30+15)m 连续梁替代原 2 跨 30m 小箱梁,其他墩位均不变。该跨径组合也可采用简支梁方案。目前 19♯墩位处无地质钻孔资料,需补勘。增设桥墩处地质情况不确定,需补勘确认方案可行性。

优点:避开了 18♯墩位溶洞、软基发育区,桩基竖向力减小。

缺点:15m 的小跨对桥下景观会有一定影响。

造价(连续梁):增加约 98.9 万(单幅桥)(已含溶洞处理及深厚软基成桩钢护

筒费用,原设计未计)。

造价(简支梁):增加约 78.9 万(单幅桥)(已含溶洞处理及深厚软基成桩钢护筒费用,原设计未计)。

其他方案中,包括 50m 连续梁、(25+35)m 小箱梁、偏心墩方案、群桩方案及沉井基础方案都涉及摩擦桩的方案,均存在如下风险:①在地面外力,如堆载、挖方等作用下,桩基易发生不均匀沉降和倾斜;②基底下卧层存在溶洞和土洞,后期可能发展和变化,对基础造成潜在危险。

3. 新方案的提出

1)钢管混凝土桩

由于钻孔揭露有效范围小于 1m,根据钻探及补钻地质揭露情况,拟以 18♯C 钻孔揭露的最坏地质情况为设计依据。基础设计如下:拟采用钢管混凝土桩 ϕ508mm,t=14mm,钢材选用 15MnV 型,混凝土强度为 C40。具体参数见表 6.5。

表 6.5　钢桩混凝土参数

钢管桩尺寸		重量		面积			断面特性		
外径 /mm	厚度 /mm	(kg/m)	(m/t)	断面积 /cm²	外包面积 /m²	外表面积 /(m²/m)	断面系数 /cm³	惯性矩 /cm⁴	惯性半径 /cm
508	9	111	9.01	141	0.203	1.60	173×10	439×10²	17.6
	12	147	6.8	187.0			226×10	575×10²	17.5
	14	171	5.85	217.3			261×10	663×10²	17.5

16MnV 型钢:f_a=350N/mm²,E_a=2.06×10⁵N/mm²。

C40 混凝土:f_c=19.3N/mm²,f_t=1.8N/mm²,E_c=3.25×10⁴N/mm²。

为了保证桩端有足够的刚度,同时也为了保证沉桩的挤土效应,采用闭口型桩,如图 6.11 所示。

(1)钢管桩自身抗压承载力确定

参照《钢管混凝土结构设计与施工规程》(CECS 28—2012),有

$$N \leqslant N_u \tag{6.1}$$

式中,N 为轴向压力设计值;N_u 为钢管混凝土单肢柱的承载力设计值。

钢管混凝土单肢柱的承载力应按下列公式计算:

$$N_u = \phi_1 \phi_e N_0 \tag{6.2}$$

$$N_0 = f_c A_c (1 + \sqrt{\theta} + \theta) \tag{6.3}$$

$$\theta = f_a A_a / f_c A_c \tag{6.4}$$

式中,N_0 为钢管混凝土轴心受压短柱的承载力设计值;θ 为钢管混凝土的套箍指

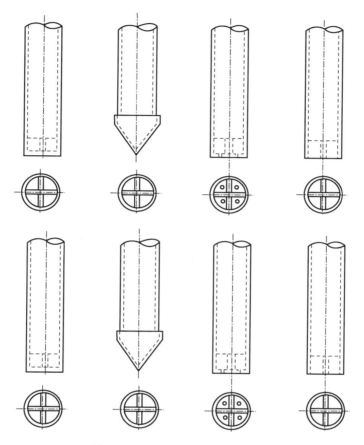

图 6.11　闭口型钢管桩的主要形式

标;f_c 为混凝土的抗压强度设计值;A_c 为钢管内混凝土的横截面面积;f_a 为钢管的抗拉抗压强度设计值;A_a 为钢管的横截面面积;ψ_l 为考虑长细比影响的承载力折减系数;ψ_e 为考虑偏心率影响的承载力折减系数。

由于桩体为轴心受压构件,取 $\psi_e = 1$,又通过计算可求得 $\psi_l = 0.335$,最终求得钢管混凝土单肢柱的承载力 $N_u = 3794.2 \text{kN}$。

（2）考虑侧向失稳的极限承载力

当钢管混凝土桩进入溶洞后,由于没有桩周土的侧向土压力,当轴向压力过大时桩体很容易出现侧向失稳而导致桩体的弯曲破坏。计算模型如下。

由欧拉临界力公式有

$$N_{cr} = \frac{\pi^2 EI}{(\mu l)^2} \tag{6.5}$$

$$EI = E_c I_c + E_a I_a \tag{6.6}$$

由于洞体内桩体的上部和下部都嵌入在岩层中，故取 $\mu=0.5$，为了让桩体存在一定的安全储备 μ 的设计，建议取值为 0.65。计算得 $N_{cr}=2207kN$。

故在满足桩体稳定的前提下，单根钢管混凝土桩的设计承载力为 $[R]=2200kN$。

按照设计要求，原设计为 2 根 $D1.6m$ 桩基础，单桩设计竖向力为 14000kN。故原每个桩位下的钢管混凝土桩数目为：$n=14000/2200=6.36$ 根，考虑到桩挤土效应下桩身侧摩阻力的发挥，可取 $N=6$ 根。桩位下钢管混凝土桩的布置如图 6.12 所示。

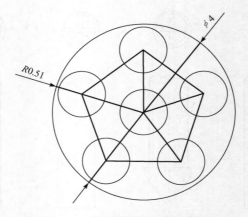

图 6.12　钢管混凝土桩的布置图

（3）桩土作用下桩体承载力的验算

钢管混凝土桩属于沉管桩，且桩端必须进入基岩，根据《公路桥涵地基与基础设计规范》(JTG D63—2011)规定沉桩的容许承载力为

$$[R_a] = \frac{1}{2}\left(u\sum_{i=1}^{n}\alpha_i l_i q_{ik} + \alpha_r A_p q_{rk}\right) \tag{6.7}$$

对于侧摩阻力标准值的确定应根据现场原位试验（标准贯入法）确定。由于没有相关的实验数据，根据规范的参考值见表 6.6。

表 6.6　桩身侧摩阻力标准值 q_{ik}

土类	土层厚度/m	摩阻力标准值 q_{ik}/kPa	修正系数（α_i）
粉质黏土	2.4	30～45	0.7
淤泥质黏土	18.6	45～60	0.6
细粉砂	10.8	35～65	0.9

续表

土类	土层厚度/m	摩阻力标准值 q_{sk}/kPa	修正系数(α_i)
粗砂	6.2	70～90	1.1
卵石	3.2	95.39	1.1
溶洞	38.0	0	0
灰岩(基岩)	1.0	100	1.1

根据建筑桩基规范,端承桩入岩深度不小于 $0.2d$ 且不小于 0.5m,故取 1.0m。

基岩为微风化的碳质灰岩,其抗压强度应由实验测得,在此取桩端岩石的承载力标准值为:$q_{rk}=5000$kPa,桩端端承力修正系数 $\alpha_r=1.1$。根据规范所给定的公式,计算单桩的容许承载力$[R_a]=2250$kN。

同时,入洞处的桩身轴力 $N<1013/2=505$kN$<N_{cr}$,故满足侧向失稳的要求。综上所述,单桩的容许承载力$[R_a]=2250$kN,原桩位下 6 根桩按图 6.12 所示布置的梅花桩形式的总容许承载力为 14100kN,满足设计要求。

因此方案在技术上可行,但是造价相对较高。需要注意以下几个方面的问题:

(1)钢管混凝土桩应严格按照《钢管混凝土结构设计与施工规程》(CECS 28—2012)的施工要求和工艺进行桩基的施工。

(2)溶洞里存在大量的岩溶水和不明化学物质,对于钢管桩的腐蚀较大,故应做好桩身的防腐保护工作。

(3)应按照先中间桩施工再周围桩施工的原则,减少桩与桩之间的相互影响。

(4)由于溶洞顶板的不稳定性,在桩体将要进入溶洞时应适当地减少锤击量,并改用小质量的重锤,放慢沉桩速度,确保桩体顺利地进入溶洞而不会对溶洞有太大的扰动。

(5)施工前要做好地质勘探,查明地下情况,最少要保证一桩一孔。

(6)做好每根桩的沉降监测,做好记录。如果出现不均匀沉降的现象,应及时采取一些加固措施,待每组桩沉降稳定后,方可进行承台的施工。

2)群桩方案评估

(1)方案的提出

由于钻孔揭露有效范围小于 1m,根据钻探及补钻地质揭露情况,拟以 18♯C 钻孔揭露的最坏地质情况为设计依据。基础设计拟采用 8 根 ϕ800mm 的钢筋混凝土桩基,布置图如图 6.13 所示。

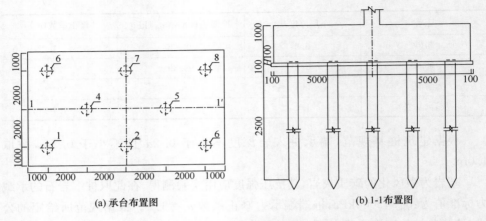

(a) 承台布置图   (b) 1-1布置图

图 6.13 群桩布置图

桩长取为 25m,避免穿越溶洞,为使桩基具备足够的承载力,同时对桩周围土层进行水泥浆旋喷加固,以提高桩端土承载力并减小整体沉降。

优点:采用小直径短桩,避免穿越溶洞,施工方便,风险低。

(2) 群桩桩基承载力

由于桩端距离溶洞 10m 以上,不考虑溶洞对群桩承载力的影响。对于不进行后注浆加固处理的 8 根钢筋混凝土桩基,材料参数见表 6.7,用 FLAC3D 软件进行模拟,在其承台顶面施加一个初始速度,监测其承台顶面位移和承台顶面应力的关系曲线如图 6.14 所示,从而确定其承载力极限状态。

表 6.7 材料参数一览表

材料	摩擦角/(°)	凝聚力/MPa	抗压强度/MPa	弹性模量/GPa	泊松比	密度/(kg/m³)
桩体	—	—	50	25	0.2	2500
土体	30	0		0.05	0.3	1900
加固后土体	35	1		5	0.3	2000

在其承载力极限状态下,过桩基中点沿承台长向截面的竖向应力和竖向位移等值线图如图 6.15 和图 6.16 所示。

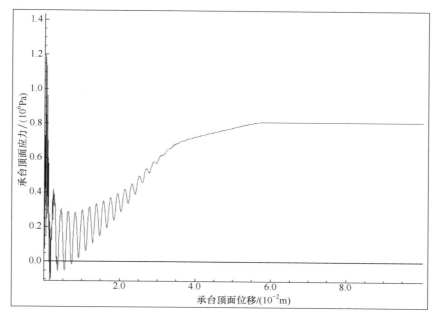

图 6.14　承台顶面应力监测

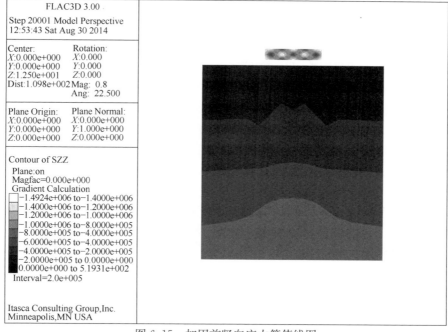

图 6.15　加固前竖向应力等值线图

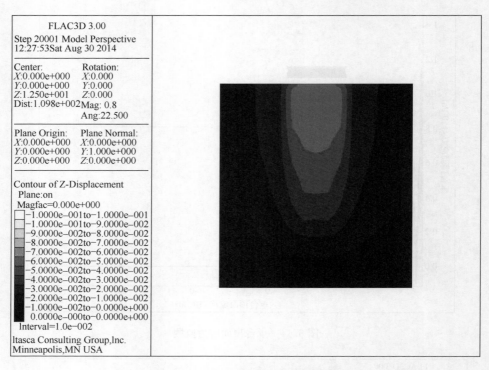

FLAC3D 3.00
Step 20001 Model Perspective
12:27:53Sat Aug 30 2014

Center: Rotation:
X:0.000e+000   X:0.000
Y:0.000e+000   Y:0.000
Z:1.250e+001   Z:0.000
Dist:1.098e+002Mag: 0.8
Ang:22.500

Plane Origin: Plane Normal:
X:0.000e+000   X:0.000e+000
Y:0.000e+000   Y:1.000e+000
Z:0.000e+000   Z:0.000e+000

Contour of Z-Displacement
 Plane:on
 Magfac=0.000e+000
  −1.0000e-001to−1.0000e-001
  −1.0000e-001to−9.0000e-002
  −9.0000e-002to−8.0000e-002
  −8.0000e-002to−7.0000e-002
  −7.0000e-002to−6.0000e-002
  −6.0000e-002to−5.0000e-002
  −5.0000e-002to−4.0000e-002
  −4.0000e-002to−3.0000e-002
  −3.0000e-002to−2.0000e-002
  −2.0000e-002to−1.0000e-002
  −1.0000e-002to−0.0000e+000
   0.0000e-000to−0.0000e+000
 Interval=1.0e-002
Itasca Consulting Group,Inc.
Minneapolis,MN USA

图 6.16　加固前竖向位移等值线图

　　若对桩基进行后注浆处理,考虑到桩端以下土体的加固深度超过一定范围即对提高桩承载力无明显影响,只需在桩端以下 2m 范围内进行加固,以保证桩端阻力的发挥。为使桩侧摩阻力提高,应对桩侧土体进行注浆加固。

　　当注浆范围为桩端以下 2m 至桩端以上 5m 时,参照细砂中桩端阻力值提高50％,取 6000kPa 作为加固后土体的桩端阻力。监测其承台顶面位移和承台顶面应力的关系曲线如图 6.17 所示,从而确定其承载力极限状态。

　　在其承载力极限状态下,过桩基中点沿承台长向截面的竖向应力和竖向位移等值线图如图 6.18 和图 6.19 所示。

　　与不注浆处理的桩基计算结果比较,对桩端以下 2m 至桩端以上 5m 范围进行注浆处理的桩基其承载力提高了 38.9％,效果明显。

　　(3) 桩基沉降特性分析

　　对桩进行的加固处理能有效地减少桩的沉降,主要是通过两方面实现:①增加桩端平面以下土体的压缩模量,并加快土中应力的扩散;②增加桩周土体和桩侧的侧摩阻力的相应刚度,即当桩发生沉降时,侧摩阻力增长更快。

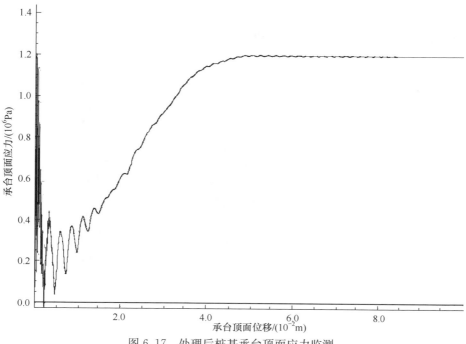

图 6.17 处理后桩基承台顶面应力监测

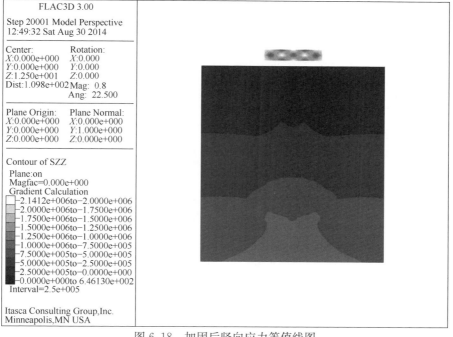

图 6.18 加固后竖向应力等值线图

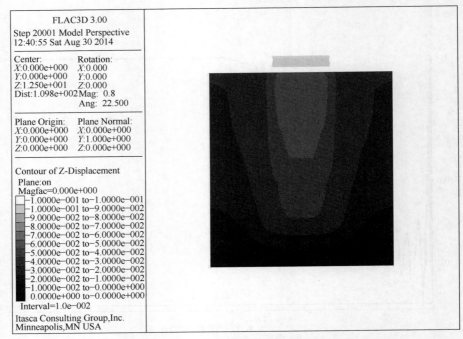

图 6.19　加固后竖向位移等值线图

由表 6.8 可知,对于不进行加固处理的桩基,其发挥极限承载力时承台顶面沉降达到了 75mm。当对桩端以下 2m 至桩端以上 5m 范围进行加固后,其发挥极限承载力时相应沉降只有 45mm,基本满足要求,注浆加固对桩基沉降的控制效果明显。若要进一步减少沉降,只需进一步增加注浆处理的范围。

表 6.8　加固前后桩基极限承载力特性对比

桩号	加固前				水泥浆旋喷加固后			
	承台顶面位移/mm	桩端阻力/kN	侧摩阻力/kN	极限承载力/kN	承台顶面位移/mm	桩端阻力/kN	侧摩阻力/kN	极限承载力/kN
1	75	147.5	6431.5	6579.0	45	2616.0	6416.0	9032.0
2		165.0	6691.0	6856.0		2786.0	7007.0	9793.0
3		147.4	6440.6	6588.0		2612.0	6417.0	9029.0
4		163.3	6751.7	6915.0		2656.0	6888.0	9544.0
5		162.7	6743.3	6906.0		2667.0	6909.0	9576.0
6		147.6	6435.4	6583.0		2624.0	6428.0	9052.0
7		166.7	6692.3	6859.0		2754.0	7009.0	9763.0
8		147.6	6433.4	6581.0		2615.0	6423.0	9038.0
群桩总极限承载力/kN	53867.0				74827.0			

6.5　岩溶桩基承载力计算与分析

广东省江肇高速公路西江特大桥位于肇庆市鼎湖区永安镇与沙浦镇之间,桥位跨越西江主干流,北岸属肇庆市鼎湖区永安镇,南岸属高要市沙浦镇。桥位区在 K84+150m 以东地段处隐伏岩溶区,基底下石炭系石磴子组灰岩岩溶(土洞、溶洞)较发育。根据勘探资料,桥位共有 70 个钻孔钻遇岩溶,所揭露的溶洞多达 114 个,洞大小不一,洞高 0.3～37.7m,单孔揭示溶洞层数最高达 9 层,桥位区的钻孔遇洞率为 26.62%,桥位区岩溶发育程度属中等发育。桥位区两端桥台部位未见软土分布,但江门端桥台分布有厚度较大的粉细砂夹淤泥质土层,其工程特性介于软土和松散粉细砂之间,更接近于软土,属较软弱土层,其厚度大,为 30.8～34.1m,埋藏浅,为 2.4～3.9m,该层粉细砂夹淤泥质土对桥梁桩基的承载力和地基稳定有不良影响。

本书通过数值模拟软件 FLAC3D 模拟西江特大桥南引桥 5♯C 桩桩基体系。通过计算分析在基岩存在溶洞情况下桩基极限承载力的大小,并与设计承载力进行比较。西江特大桥南引桥 5♯C 桩地质条件如图 3.11 所示,上覆盖层为 2.3m 厚粉质黏土层和 34.7m 厚粉细砂夹淤泥质土层,其下基岩为微风化灰岩,在地面以下 38.5m 处存在一洞高为 1.1m 的溶洞(全填充粉质黏土)。地面以下 48.6m 处存在一洞高为 4.9m 的溶洞(全填充粉质黏土)。根据原设计方案桩端穿过第一层溶洞,桩端面落到第二层溶洞顶板上,并对第一层溶洞进行压浆处理。

6.5.1　数值模型建立

根据原 5♯C 桩设计要求,FLAC3D 计算模型采用实体单元建立;土体尺寸为 16m×16m×55m;桩径为 1600mm,桩长为 39m;桩端嵌岩深度为 2m;溶洞洞高为 5m,跨度 8m;第一层土为粉质黏土,厚度为 3m;第二层土为粉细砂夹淤泥质土,厚度为 35m;其下基岩为微风化灰岩,其岩性参照 IV 级岩石性质。材料参数及模型图如表 6.9 和图 6.20 所示。

表 6.9　材料参数表

材料	摩擦角/(°)	凝聚力/MPa	抗拉强度/MPa	抗压强度/MPa	弹性模量/GPa	泊松比	密度/(kg/m³)
混凝土桩体	—	—	—	50	25	0.2	2500
粉质黏土	11.7	0.018	—	—	0.0043	0.3	1980

材料	摩擦角/(°)	凝聚力/MPa	抗拉强度/MPa	抗压强度/MPa	弹性模量/GPa	泊松比	密度/(kg/m³)
粉细砂夹淤泥质土	17.5	0.0165	—	—	0.0024	0.28	1670
微风化灰岩	44.5	1.1	1.1	63.6	13	0.275	2300

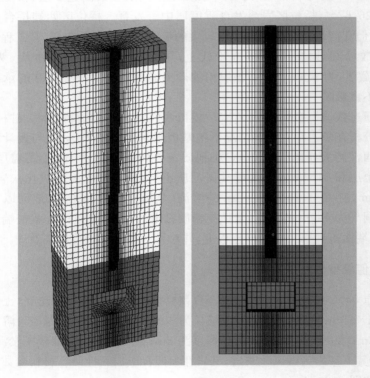

图 6.20　模型视图

6.5.2　桩基承载力极限状态的确定

对于持力层较完好的桩基,当其达到承载力极限状态时,先是桩周土进入塑性屈服,发生塑性流动,进而桩端土受压达到持力层抗压极限强度,当桩端进入塑性屈服时,桩基最终破坏,因此可以通过监测桩顶沉降和应力绘制 P-S 曲线来确定桩基承载力极限状态。

　　区别于完好持力层桩基体系,对于持力层下存在溶洞时,桩基承载力极限状态主要依赖于溶洞顶板的极限状态。由于溶洞的存在,桩基位移沉降速度会加快,桩周土将会很快达到极限侧摩阻力。而对于桩端的持力层,在岩石到达其屈服强度前,溶洞顶板将会提早破坏,其主要破坏形式为顶板的冲切破坏,即溶洞顶板引桩端应力扩散角呈剪切破坏,最终桩基破坏。因此在确定桩基承载力极限状态时,可以通过对不同加载时,桩端到溶洞顶板间持力层的塑性区状态以及塑性区连通性来判断桩基的承载力极限状态。

　　通过以上两种方法的综合对比,取两者之间的最小值作为桩基的极限承载力,如果塑性区域发展较不明显,可对结果进行适当的调整,最终对桩基体系的极限承载力进行判定。

6.5.3　桩基极限状态承载力特性结果

　　结合桩顶荷载监测曲线(图 6.21),考虑到南引桥塌陷区 5♯C 桩承载特性分析(表 6.10),以及塑性区分布范围(图 6.22),初步判定桩顶极限承载力:$N = 11.5 \times 10^6 \times 3.14 \times 0.8^2 = 23110 (kN)$。

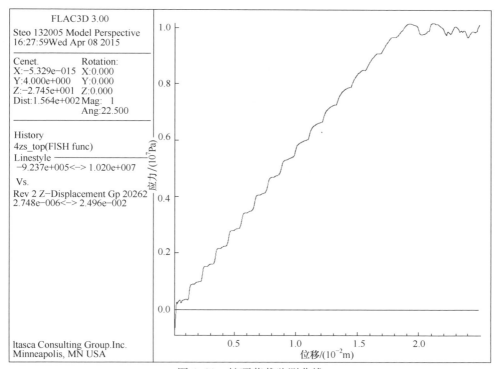

图 6.21　桩顶荷载监测曲线

表 6.10　南引桥塌陷区 5♯C 桩基承载特性

项目	竖向位移/mm	S_{zz}/MPa	S_{max}/MPa
桩顶	20.4	11.5	—
桩端	4.5	5.7	—
顶板下缘	1.8	—	0.44(拉)
侧摩阻力发挥	—	5.8	—

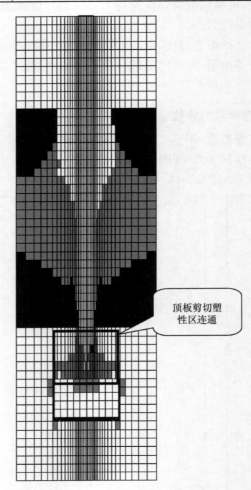

图 6.22　塑性区分布示意图

根据《建筑地基规范》(2008),取桩基安全系数 $K=2$,则桩基的承载力特征值为

$$R = N/K = 11560 \text{kN}$$

通过以上计算,桩基承载力比原设计要求承载力低了 17%。

第7章 岩溶地区桥梁桩基施工技术

7.1 岩溶地区桥梁桩基施工准备

7.1.1 地质勘察资料

岩溶地区桩基施工主要困难在于桩下地质条件的不确定性,而桩基施工过程中出现事故也主要是由于没有查明岩溶的发育情况导致的。因此事先做好详细的地质勘察,施工前准备好详细的地质勘察资料是非常重要的。

7.1.2 钻孔桩场地准备

(1) 钻孔场地在旱地时,应清除杂物、换除软土、平整压实;场地位于陡坡时,也可用枕木、型钢等搭设工作平台。

(2) 在浅水中,宜用筑岛围堰法施工,筑岛面积应按钻孔方法、设备大小等决定。

(3) 钻孔场地在深水中或淤泥较厚时,可搭设工作平台进行施工,平台须坚固稳定,能承受施工作业时所有静、活荷载,同时应考虑施工设备能安全进、退场。如水流平稳时,钻机可设在船舶或浮箱上进行钻孔作业,但需锚锭稳固保证桩位准确。

(4) 采用回转法或冲击法钻孔时,需设置泥浆循环净化系统,应在计划施工场地或工作平台时一并考虑。

(5) 场地应配有独立的道路,且应做好相应的路牌标示,出现危急情况应能迅速做出反应撤出施工人员。

7.1.3 施工材料配备

回填所需材料:黏土、片石、碎石、成包水泥、细砂。黏土宜采用高品质的膨润土;片石和碎石宜采用级配较好,质地较硬的卵石;水泥和细砂宜结合使用,根据水泥:细砂为1:3的比例进行配比,同时可掺入适当的早强剂加快水泥的硬化,以起到良好的充填效果。

7.2 桥梁桩基施工过程监控

7.2.1 泥浆控制

（1）在砂类土、碎（卵）石土或黏土夹层中钻孔，宜采用高塑性黏土或膨润土泥浆护壁。适当加大泥浆浓度；在黏性土中钻孔，当塑性指数大于15，浮碴能力满足施工要求时，可利用孔内原土造浆护壁。因此应降低输入泥浆的稠度。

（2）泥浆性能指标，应按钻孔方法和地质情况确定，符合表7.1的规定。

表7.1 制备泥浆的性能指标

项次	项目	性能指标	检验方法
1	密度/（kg/m³）	1.2～1.5	泥浆比重计
2	黏度/（Pa·s）	15～25	50000/70000 漏斗法
3	含砂率/%	<6	
4	胶体率/%	>95	量杯法
5	失水量/（mL/30min）	<30	失水量仪
6	泥皮厚度/（mm/30min）	1～3	失水量仪
7	静切力/（mg/cm²）	1min：20～30 10min：50～100	静切力计
8	稳定性/（g/cm²）	0.03	
9	pH	7～9	pH试纸

（3）为提高泥浆黏度和胶体率，可在泥浆中掺入适量的碳酸钠与烧碱等，掺入量应经试验确定。

（4）在冲孔至岩层时如发现有反清水的现象发生，主要是由于地下岩溶水属 HCO_3^-、SO_4^{2-}-K^+、Ca^{2+} 呈弱酸性，使泥浆中的膨润土凝聚和沉淀。因此在岩溶水较丰富的地质条件下成孔应适当调整泥浆的配比。广东省广清高速（扩建）流溪河大桥北岸引桥桩基成孔过程中多次出现反清水情况，测得 pH 偏小，应适当调整配合比。具体配合比见表7.2。

表7.2 泥浆配合比（每立方米泥浆用量）

项目	膨润土	纯碱	CMC	水
常规配比	80	4	0.5	1000
调整后配比	85	5	0.7	1000

（5）造浆后应试验全部性能指标，钻孔过程中应随时检验泥浆密度和含砂率，并填写泥浆试验记录表。

（6）对广清高速（扩建）流溪河大桥成孔施工记录整理分析发现：施工事故多

表现为漏浆,同时伴有不同程度的反清水现象,疑为岩石裂隙发育严重和岩溶水丰富及岩溶水与地下水连通所致。对流溪河大桥南引桥部分桩基反清水后泥浆性能做检测后发现,pH 偏低呈弱酸性,同时出现泥浆聚拢成小球。后来通过对泥浆做重新调配后,取得了一定的效果。

7.2.2　冲程控制

(1) 成孔过程中,特别是在岩溶发育强烈的地区,有效地控制冲程可以大大地减少施工事故的发生,保证施工的安全性。

(2) 冲程的大小应根据土层的情况和溶洞的分布情况来确定,当通过砂层时,宜采用 1～2m 的中小冲程,当钻头进入黏土层时,宜采用 1～1.5m 的小冲程,防止卡钻和埋钻。

(3) 当钻头遇到倾斜岩面,或基岩中溶槽、溶蚀现象发育时,应反复回填小片石,冲进使其成为稳定平台后,再进行正常冲击。

(4) 当地质资料显示有溶洞存在时,钻头到达溶洞顶板以上 1m 左右时,应减小冲程,宜采用 1m 左右的冲程,采用慢速快打的方式击穿溶洞顶板,同时时刻注意提钻,避免出现卡钻、掉钻的情况。

(5) 一般情况下,如果场地周围有重要构筑物,或该地区岩溶发育强烈时,宜多采用小冲程冲孔,其余部位结合冲进工艺进行冲进。

7.2.3　冲进跟踪

冲孔过程中做好施工跟踪记录,可以查明地质资料的可靠性,更主要是为后继工程施工提供重要的施工经验。主要的跟踪内容包括以下几个方面:

(1) 冲进过程中对泥浆面的下沉、冲进速度的变化、偏锤卡锤等事项进行跟踪,从而确定溶洞区的溶洞大小、位置及填充程度。

(2) 泥浆性能的跟踪,主要为泥浆的各种性能指标做好试验、记录,并及时调整。

(3) 溶洞预处理后加固效果的跟踪,同时对施工事故处理过程(抛填材料、用量、配比)以及自治后的效果进行跟踪和记录。

7.3　桩基施工过程中不良岩溶地质条件处置技术

7.3.1　浅层溶洞处理方法

(1) 钢护筒跟进法是处置浅层溶洞,特别是土洞的主要方法。

(2) 对桩基处于单层或层数不多浅层溶洞区且洞高小于 3m 的浅层溶洞,当钻孔至距溶洞顶 1m 左右时,应减小冲程,通过短冲程快速冲击方式逐渐将洞顶击穿,防止因冲程过大导致卡钻。

（3）在钻至地表以下、地下水位以上范围内的浅层溶洞顶前,预先准备充足的小片石(片石直径 10～20cm)、黏土(黏土做成球状或饼状,直径 15～20cm)和水泥。根据溶洞的大小,回填片石和黏土的混合物,进行反复冲砸补漏,片石和黏土混合物的比例为 4∶1。

（4）土洞以外 10m 范围以内有重要构筑物时,土洞体积较大,且具有一定的连通性,为保证周围构筑物的安全性,应对土洞进行预处理。

（5）对浅埋的岩溶土洞,可将其挖开或爆破揭顶,如洞内有塌陷松软土体,应将其挖除,再以块石、片石、砂等填入,然后覆盖黏性土并夯实,再行施工。

（6）埋深在 10m 以内洞体较小、空洞或半充填溶洞可采用挖孔桩施工工艺成孔。

（7）当使用冲击钻机钻孔时,钢护筒内径应比钻头直径大 40cm;护筒厚度保证为 10～15mm,一般情况下单个溶洞用单层护筒,多个溶洞用多个护筒;护筒顶面宜高出施工水位或地下水位 2m,还应满足孔内泥浆面的高度要求,在旱地或筑岛时还应高出施工地面 0.5m。

（8）钢护筒入土深度宜控制在 10～15m,以保护软弱覆盖层。当表层土层较软弱且溶洞发育强烈时,钢护筒应全面入岩,且不允许落在倾斜岩面上;若下层土层较坚硬密实,且无溶洞发育,钢护筒应进入该密实土层至少 0.5m。

（9）钢护筒跟进方法应采用分段驳接振入法,即边成孔边用振动锤振入驳接加长钢护筒,或在确定进入岩面时,直接从孔顶驳入护筒。同时节段间的焊接应密实,不漏水。

（10）护筒顶面中心与设计桩位偏差不得大于 5cm,倾斜度不得大于 1%。

7.3.2　深部溶洞处理方法

1. 埋深大于 10m 且洞高小于 5m 的溶洞

（1）溶洞为单个情况下,可以采用片石加黏土的反复冲孔,或灌注一定的低标号混凝土,然后进行冲孔。

（2）串珠状溶洞情况下,可提前在桩基中心周边 0.5～1.0m 的范围内采用溶洞压浆技术或旋喷帷幕施工工艺。

2. 埋深大于 10m 且洞高大于 5m 的溶洞

（1）在有充填物情况下,抛填片石与黏土。当充填物为石质时,回填物以填土为主;当充填物为土时,回填物以片石为主。如果漏浆情况严重,抛填片石、黏土、水泥至孔底,并灌注 C20 水下砼加固孔壁。

（2）在单个溶洞无填充物情况下,可回填片石和黏土,以片石为主,或填充砼、压浆。

（3）串珠状溶洞或空洞洞高超过 8m 的情况下,可提前在桩基中心周边 0.5～

1.0m 的范围内采用溶洞压浆技术或旋喷帷幕施工工艺。

7.3.3　溶洞预处理方法

对于地质资料明确,溶洞大小、分布较为明确的情况下,如果持力层附近溶洞发育丰富,且对桩基的承载力影响明显,应对溶洞进行预处理。目前溶洞预处理技术主要有静压注浆技术和溶洞压浆技术。溶洞预处理是为了保证桩基成孔施工的安全性和桩基承载力的发挥。

1. 静压注浆技术

(1) 河漫滩地层存在较厚的细砂层,表层松散不稳定且渗透性强。当表层有溶洞发育时,在桩基施工过程中由于冲孔的扰动,极易出现塌孔、护筒下沉、地面塌陷等严重后果,进而对相邻桩基、构筑物甚至河堤的安全性造成严重影响。对于此类地质条件,宜在施工前对桩周覆盖层进行静压注浆处理以确保施工的顺利进行。

(2) 每个桩基周边按正方形应均匀布置 8 个钻探及注浆孔,注浆范围为岩面至护筒脚以上 5m 左右。静压注浆宜采用套管法注浆,即采用 $\phi127$mm 套管打至护筒脚上 5m 左右,注浆压力为 $0.5\sim1.0$MPa,水灰比为 $1:1$。

实例:广东省江肇高速公路西江特大桥 31♯墩前 B 桩、30♯墩前 A 桩地质补钻资料均未揭示有溶洞,施工以前覆盖层未作处理。在冲进过程中,在刚进入岩面时发生急速漏浆,两条桩均发生大面积塌孔,另外导致 30♯墩前 A 桩冲锤被埋,所幸埋锤深度较浅,塌孔后迅速采取有效措施,才捞出冲锤,否则将会严重影响该条桩基的后续施工,付出的代价难于估算。西江特大桥 29♯墩后 A 桩、29♯墩后 B 桩在施工前进行了静压注浆,水泥用量约 1000t。经过静压注浆后,在冲进过程中,整个施工过程顺利正常,保证了桩基的顺利成孔,桩基施工没有对平台及河堤造成不良影响。

2. 溶洞压浆技术

(1) 持力层溶洞发育多表现为串状溶洞和连通性溶洞,当溶洞顶板被冲破时,极易出现掉钻、卡钻、迅速漏浆、严重时出现大范围地面塌陷的现象。为了保证工程质量顺利终孔,冲孔前宜对深层溶洞进行压浆处理。

(2) 压浆套管应在溶洞底板以上 $0.5\sim1$m。

(3) 当溶洞高度小于 2m 时,宜压注砂浆,其配合比为 R42.5 水泥∶粉煤灰∶砂∶水∶减水剂=300∶130∶1580∶270∶8.5。灌注施工自下而上分段进行,分段以套管节长为单位,段长以 $2.0\sim3.0$m 为宜,向上起出一段套管则灌注一段,直至设计顶面深度为止。当基岩岩溶、溶洞灌浆孔泵送压力达 $13\sim15$MPa 时可终止压浆。

（4）当溶洞高度大于 2m 时，宜压小碎石砼，小碎石混凝土配合比为 $R42.5$ 水泥：粉煤灰：水：砂：碎石：减水剂＝180：200：220：840：990：6.86。压浆使用混凝土输送泵进行泵送，采用自下而上，分段进行灌注，泵送压力为 13～15MPa。当孔口返浆时即可停止压浆。

（5）当溶洞体积较小，且洞内存在一定的充填物（卵石、碎石、黏土等），宜注压水泥浆。压水泥浆时是利用钻机把安装在注浆管底部侧面的特殊喷嘴（单喷嘴）置入土层设计预定深度后，利用高压泥浆泵把浆液以 10～25MPa 的高压从喷嘴中喷射出去形成高压喷射流，冲击破坏岩土体，同时借助注浆管的旋转和提升，使浆液与从土体崩落（切割）下来的土粒、砂粒搅拌混合，经凝固后，便在岩土体中形成水泥、砂、土体混合的一定强度的固结体。

实例：广东省江肇高速公路西江特大桥 32♯墩后 A 桩第一次施工时未作任何预处理，32♯墩桩基在 2008 年 12 月 25 日凌晨四点左右，冲孔到－35.78m 时，孔内突然急速漏浆，并随之大面积塌孔，桩基护筒下沉约 2.6m，同时发生约 1m 的偏位。而 32♯墩前 B 桩于 2008 年 12 月对三层溶洞进行压浆处理，共压 150.6t 水泥。在冲进过程中，过溶洞时只是出现了缓慢漏浆，通过回填片石黏土，即顺利通过。

3. 旋喷帷幕技术

当基岩存在填充的大溶洞时，溶洞裂隙发育强烈，透水性强，冲孔前溶洞内可进行旋喷在空气中形成止水帷幕以便后继施工，旋喷浆液中应加入水玻璃，比例为 5％，按 50cm 作用影响范围进行旋喷。

7.3.4 溶洞多发事故应急处理措施

（1）为了保证施工的安全性和经济效益的最优化，原则上对于桩端下 $3d$ 范围内存在洞高大于 10m 的溶洞时，应主动避让，修改局部设计方案。综合评价各个方案的变更造价和施工安全性，以工程质量和施工安全为中心点，并兼顾经济效益。广东省江肇高速公路西江特大桥南引桥 18♯C 桩，桩端持力岩存在洞高为 18m 高的溶洞，在各种变更方案的比选中，最终选择取消该 18♯墩位，采用（35＋50＋35）m 连续梁的方案。该方案将替代原 4 跨 30m 小箱梁，原右幅 18♯墩取消，原右幅 17♯墩位前移 5m，原右幅 19♯墩后移 5m。顺利跨过最危险区域。

（2）当钻头到达溶洞顶板以上 1m 左右时，应减小冲程，通过短冲程、快频率的冲击方法逐渐将洞顶击穿。对于表层的土洞，当顶板击穿时，先迅速提钻，避免卡钻和掉钻；再观察孔内的泥浆面的变化，一旦出现漏浆的情况应迅速补水，并投入片石和黏土的混合物，其比例为 4：1，待泥浆面稳定后再进行施工。表层土洞体积一般不会太大，且较为单一。充填法能起到较好的效果，在广东省广清高速

(扩建)流溪河大桥和江肇高速公路西江特大桥的桩基施工中都有很多的成功案例。

（3）当钻头进入基岩位置时，基岩表层一般发育不规则，特别是溶槽、半边溶蚀的发育强烈，冲钻的过程中极易出现偏孔、卡钻的现象，操作员应密切关注钢绳的摆动情况，如果钢绳的横向摆动明显，说明有偏孔的发生。当出现偏孔和卡钻现象时，应慢速提拉钻头，并投入一定量的小片石或卵石，并用小冲程冲平基岩表面，待孔底平整密实后再进行后续施工，直到终孔。

（4）当基岩裂隙发育强烈，地下水渗流明显时，容易出现缓慢跑浆、反清水等现象。施工人员应密切关注泥浆面的变化，当出现跑浆情况时应投入适量的小片石封堵裂隙以稳定泥浆面；并随时检测泥浆的物理性能指标和化学性质，防止出现泥浆离析的现象。

（5）对于基岩以下的溶洞，当桩端要穿越溶洞时，施工前应对溶洞进行压浆处理。当钻头到达溶洞顶板以上 1m 左右时，应适当减小冲程，通过短冲程、快频率的冲击方法逐渐将洞顶击穿。当顶板击穿时，先迅速提钻，避免卡钻和掉钻；同时观察孔内泥浆面的变化，一旦出现漏浆的情况应迅速补水，并投入片石和黏土的混合物，其比例为 4∶1；如果泥浆面迅速下降，应及时投入袋装水泥和袋装片石进行封堵，待泥浆面稳定后再进行施工。

（6）溶洞顶板被击穿后，当发现孔内水头迅速下降，护筒也伴随下沉，操作员应立即提起钻头，如果发现地面出现裂缝并有下沉迹象时，应立即组织在场施工人员撤离到安全地方，待地面下沉稳定后再行处理。

7.3.5　溶洞后处理技术

（1）溶洞后处理技术应以成孔后和成桩后的各项监测数据为依托，目的是为了保证桩基的工程质量和桩基极限承载力的提高。

（2）终孔后应对已成孔的中心位置、孔深、孔径、垂直度、孔底沉渣厚度进行检验；在钻孔的过程中如果出现处理漏浆时间长或塌孔现象时，应对泥皮厚度进行检验，当各项指标达到要求时方可浇筑混凝土成桩。当泥皮厚度过厚时将会严重影响桩基侧摩阻力的发挥，特别对于桩长较长的桩，影响作用明显。当泥皮厚度超过要求值时可采用成桩后对桩周进行注浆处理来增强桩周侧摩阻力。各项指标要求见表 7.3 和表 7.4。

表 7.3　终孔控制指标

成孔方法		桩径偏差/mm	垂直度允许偏差/%	沉渣厚度/mm	泥皮厚度/mm
泥浆护壁钻、挖、冲孔桩	$d \leqslant 1000mm$	$\leqslant -50$	1	—	$\leqslant 20$
	$d > 1000mm$	-50		—	20

表 7.4　沉渣厚度要求

顶板厚度/d 桩长/m	1	2	3	≥4
10	50～100mm	50～100mm	≤100mm	100mm
20	50～100mm	50～100mm	≤200mm	200mm
30	50～100mm	50～100mm	≤300mm	300mm
≥40	≤300mm	≤300mm	≤300mm	400mm

（3）当桩端持力层岩层裂隙发育强烈，且桩端持力层顶板厚度比要求设计厚度薄时，应对持力层进行桩端后注浆处理。桩端后注浆处理主要是通过高压水泥浆的灌注，充填岩溶裂隙、固化桩端沉碴，同时使桩端形成扩大头，从而有效地减少后期沉降并提高桩基的承载力。

（4）桩端后注浆处理应在下钢筋笼时预埋注浆管，注浆管应穿过沉碴进入岩面。后灌注混凝土成桩，成桩一段时间后对注浆管开塞并向桩端注入水泥浆。注浆量应由桩端、桩侧土层类别，渗透性能，桩径、桩长、承载力增幅要求，沉渣施工工艺，上部结构荷载特点和设计要求等诸因素确定。注浆压力应根据岩层裂隙发育情况而定，一般控制在 5～10MPa。在桩端后注浆中，应以注浆量为主控因素，并以注浆压力为辅控因素。现场应做好注浆量-注浆压力的记录情况。

7.4　岩溶区桩基试桩施工技术

广东省肇花高速公路第三合同段起讫点桩号为 K9+074m～K19+255m，共长 10.181km。本书研究区段位于佛山市三水区境内，地处粤境南岭山系南麓与珠江三角洲北部平原结合处。

本书的研究区沿线地层溶洞比较发育，桩位地层溶洞数量较多且高度较大，特别是北江特大桥主墩桩基地层存在大量串状溶洞和连通性溶洞，在桩基成孔施工前必须进行溶洞预处理施工。主墩 56♯、57♯、58♯墩由于长期水流冲刷影响，河床面覆盖层表面细砂层厚度仅 1.3m，下伏层为厚度约为 15m 的卵石层，卵石层以粒径20～45mm 为主，导致桩基护筒振打难度大，入土深度达不到施工要求，施工过程中容易出现漏浆现象。另外，该标段桩基施工处于汛期前夕，若在汛期前未能顺利完成主桥桩基础施工，那么在汛期进行桩基施工的难度将大大增加。综上所述，本书的研究区桩基施工存在较多的影响质量、安全和进度的不定因素，桩基施工难度较大。

针对本书的研究区桩基施工存在溶洞多、卵石覆盖层厚（河床表面砂层薄）、汛期水位高、工期紧等施工难度，为了确保桩基施工安全、快速进行，对施工过程中可能影响桩基施工的质量、安全和进度的各种因素制订应急预案，结合本书研究内容,编制了岩溶区桩基施工试桩方案并进行试桩施工,探讨河床面覆盖层卵石层较厚情况下的桩基护筒入土深度要求、岩溶区桩基溶洞处理方法以及岩溶区桩基成孔工艺。

7.4.1　试桩施工基本情况

1. 试桩桩位的选择

为了能够试验该桩基施工过程中可能会碰到的各种问题,并形成相应的解决办法,通过对地形地貌、水文地质进行分析,最终选择 56♯墩桩基为试桩桩位。56♯墩具有以下几个方面的特征:

(1) 溶洞较为发育,单个溶洞高度达 10m(半填充),且存在较多的串状溶洞。

(2) 为主航道水上墩,水流速度较快,水深为 14.0m 左右。

(3) 河床表面砂层覆盖层薄(上游部分区域没有砂层覆盖层),下覆卵石层厚度约 13.0m,桩基护筒入土困难,桩基施工期间容易出现漏浆和塌孔情况。

因此,选择 56♯墩附近承台范围以外位置作为试桩位置,试桩直径为 2.2m(和 56♯墩桩基桩位一致)。

2. 试桩平台和桩基护筒打设

根据试桩施工的需要,平台设置溶洞处理材料的堆放和运输通道,平台顶面标高为 8.0m,设计试桩平台如图 7.1 所示。

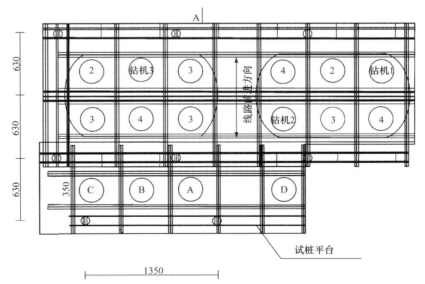

图 7.1　试桩平台及试桩位置平面布置图

试桩考虑 A、B、C、D 四个试桩备选位置,通过地质钻探选择其中溶洞较为发育的位置进行试桩施工,钻探完成后统计各孔位溶洞存在情况见表 7.5。

表 7.5　试桩桩位勘探孔揭示的溶洞分布情况

孔号	溶洞顶板		溶洞底板		溶洞高度/m	溶洞内充填情况
	埋深/m	高程/m	埋深/m	高程/m		
A	45.74	−37.554	45.94	−37.754	0.2	无填充
	47.10	−38.914	47.40	−39.214	0.3	无填充
	56.1	−47.914	57.8	−49.614	1.7	无填充
	59.7	−50.514	61.3	−52.114	1.6	无填充
B	46.2	−37.814	46.5	−38.114	0.3	溶洞内有卵石填充
	58.10	−49.714	58.50	−50.114	0.4	无填充
	58.70	−50.314	59.00	−50.614	0.3	无填充
	59.40	−51.014	59.60	−51.214	0.2	无填充
	60.70	−52.314	61.00	−52.614	0.3	无填充
	67.65	−59.264	68.15	−59.764	0.5	无填充
C	45.10	−36.914	49.47	−41.284	4.37	砂卵石半填充
	63.18	−54.994	63.98	−55.794	0.8	无填充
	68.40	−60.214	68.80	−60.614	0.4	无填充
	72.80	−64.614	73.44	−65.254	0.64	无填充
D	41.80	−33.89	42.61	−34.70	0.81	有填充
	43.75	−35.84	44.75	−36.84	1.0	有填充
	45.90	−37.99	47.20	39.29	1.3	无填充
	48.00	−40.09	48.70	−40.79	0.7	无填充
	49.00	−41.09	49.20	−41.29	0.2	无填充

通过对钻探资料显示溶洞大小和埋深的比选,选择 C 孔作为试桩位置,对第一层溶洞的预处理和冲孔进行试验研究,成孔深度为第一层溶洞底板以下 3m。C孔的地质资料如图 7.2 所示。

试桩桩基护筒采用和 56♯桩基钢护筒型号一致,钢护筒直径为 2.5m,标准板厚为 14mm,首节钢护筒底部 3m 范围采用板厚为 25mm,设置 50cm 高刃脚,板厚为 50mm,并设置 45°单面 V 型坡口以减少沉放时的阻力。桩基护筒振打采用 250t 液压振动锤振打。

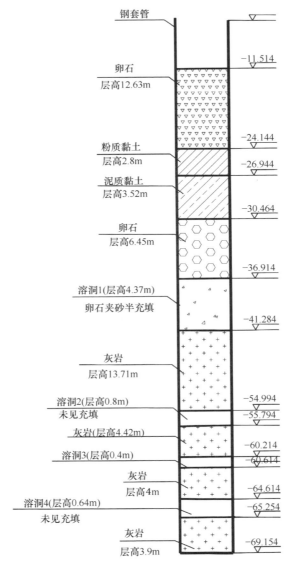

图 7.2　钻孔柱状图

56♯墩桩基护筒及试桩桩基护筒入土深度见表 7.6。

表 7.6　试桩桩基护筒入土深度　　　　　　（单位：m）

墩位	桩基编号	钢护筒顶标高	河床标高	入土深度
56#	1	8.689	−11.931	4.43
	2	8.360	−11.440	4.69
	3	8.344	−10.896	4.86
	4	8.360	−10.03	5.43
	5	8.379	−9.471	5.80
	6	8.359	−8.581	6.70
	7	8.358	−12.402	3.84
	8	8.364	−12.736	4.62
	9	8.348	−11.292	4.69
	10	8.328	−10.522	4.77
	11	8.361	−10.269	4.90
	12	8.334	−9.586	4.85
	C	8.286	−11.370	6.60

7.4.2　钢护筒入土深度的控制

由于 56# 墩大部分桩基护筒的入土深度均在 4.7m 左右，最小入土深度为 3.84m，该处水深为 14.582m，极易出现漏浆情况，为了尽量加深钢护筒的入土深度，桩基护筒振打采用二次振打工艺。

1. 试桩钢护筒二次振打情况

试桩采用 2.20m 冲锤正循环冲进到钢护筒底以下 5.0m 时，发现护筒内泥浆出现缓慢漏浆情况，于是暂停冲孔，采用直径 2.5m，壁厚 14mm 钢护筒接长桩基护筒后采用 250t 振动锤进行二次振打，二次振打采用分级加载进行。

（1）当振动锤采用 800r（约 90t）点振和连续振动时，钢护筒入土深度没有变化。

（2）采用 1000r（约 110t）连续振打时，钢护筒开始缓慢下沉，入土深度增加约 1.0m。

（3）最后振打转速限制在 1300r（约 140t），钢护筒的最终入土深度增加 3.2m。

试桩钢护筒的总入土深度达到 9.8m，但接下来继续采用 2.2m 冲锤进行冲孔时，冲锤无法穿过护筒脚，发生卡锤现象，经潜水员探摸后发现桩基护筒脚发生倾斜和椭圆变形现象，护筒脚变形约 42cm，初步分析认定卵石层内有孤石存在，导致钢护筒在振打过程中发生局部失稳，引起变形。后经商定采用直径 1.6m 冲锤继续进行试桩成孔施工。

2. 56-8♯桩基钢护筒二次振打情况

试桩桩基护筒变形后,决定在 56-8♯桩位置继续进行桩基护筒二次振打工艺试验,为了减小桩基护筒二次振打的阻力,确保钢护筒不发生变形影响桩基正常施工,56-8♯桩钢护筒二次振打施工工艺作了以下调整:

(1) 加大冲锤直径到 2.35m(钢护筒直径为 2.5m),减小钢护筒内部环形土体的厚度,减小土体对桩基护筒的摩阻力。

(2) 确保冲锤中心和桩基护筒中心重合,冲孔后护筒内环形土体厚度基本均匀,避免桩基护筒在振打时由于护筒脚所受阻力不均匀导致桩基护筒出现倾斜和变形。

(3) 控制振动锤的转速,避免因振动力过大,导致护筒脚发生卷边和变形。

通过以上措施的落实,在冲孔到护筒脚以下 4m 时进行桩基护筒的二次振打施工,56-8♯桩基护筒振打到 1000r(约 110t)时,钢护筒入土深度增加 1.85m,钢护筒总入土深度为 6.47m。钢护筒二次振打完成后采用直径 2.2m 冲锤试冲,冲锤可顺利通过护筒脚位置。

7.4.3　溶洞预处理施工情况

基于本书研究区溶洞较为发育,且桩基护筒入土深度较浅,二次振打桩基护筒后,护筒脚依然处于卵石层内,如果溶洞施工时发生较大范围的漏浆,那么卵石覆盖层坍塌的可能性非常大,因此除了采用二次振打桩基护筒加大钢护筒入土深度外,还需对覆盖层和溶洞进行预处理。根据广东省江肇高速公路南引桥地段溶洞处理经验,提出以下处理方案:

(1) 对桩基护筒脚上 3m 至下 5m,共 8m 范围进行静压注浆,确保桩基护筒脚覆盖层的稳定,确保出现漏浆时桩基护筒不下沉、不倾斜。

(2) 对溶洞内采用高压旋喷注浆-高压泵送砂浆联合灌浆法进行处理以填充溶洞空洞,并加固洞内填充物。

1. 56-8♯桩桩基护筒脚静压注浆处理

56-8♯钢护筒直径 $\phi250cm$,在护筒边向外 50cm 圆周上均匀布置 6 个孔,注浆孔间距定为 1.8m。该桩基钢护筒入土深度为 6.47m,河床面标高为 $-12.736m$,注浆范围标高为 $-24.206 \sim -16.206m$。注浆前一次性钻孔到位进行静压注浆,注浆配比先稀后浓,水灰比 0.8:1,然后为 0.6:1;若地层漏水严重,则直接采用水灰比 0.6:1 进行注浆,注浆控制压力为 1MPa。

当注第一个等级水灰比时,孔口不返水泥浆,而注浆量达 $1.5 \sim 2m^3$,压力没有明显上升则需更换高一等级水灰比;反之当压力明显上升,孔口返出水泥浆则水灰比不需调整,此时可将钻具取出地面,采用孔口挤浆的方法进行注浆,当压力上升至 1MPa,或注浆量累计达 $3.5m^3/m$ 时可停止注浆。注浆孔的布置如图 7.3 所示。

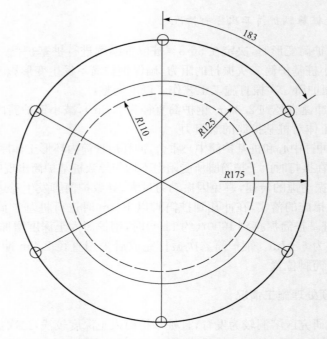

图 7.3　注浆孔布置图(单位:cm)

在第一个孔压浆过程中,采用 0.8∶1 的水灰比压入水泥浆约 3m³ 后管口开始冒浆,于是拆除注浆管采用孔口挤浆的方法继续静压,当压入水泥浆 15m³ 时(水泥 10t),压力达到 1MPa,于是停止压浆。

2. 试桩溶洞压浆处理情况

沿桩基护筒内侧 30cm 范围均布 3 个孔作为喷浆孔,同时也作为溶洞灌浆孔和减压孔,灌水泥浆完成后再采用 3 个孔作为检验孔,检验效果,若处理效果不佳,则从检验孔进一步压浆(图 7.4)。

高压旋喷范围为溶洞上、下各 1m 范围,采用 P. O32.5 水泥,水灰比 0.8∶1,喷浆压力 15MPa,旋转速度 10r/min,提升速度 15cm/min,由下往上反复喷射 3 次。

旋喷完成后若有水泥浆流出则可停止压浆,若无水泥浆流出则继续压入砂浆,砂浆配合比为水泥∶粉煤灰∶砂∶水∶减水剂＝400∶130∶1580∶270∶8.5,要求砂浆流动性良好,砂浆泵送压力为 1.0MPa。

试桩溶洞处理钻探深度为 51m,标高为 −42.714m,根据 1♯、2♯、3♯孔钻探资料统计试桩位置溶洞见表 7.7。2♯、3♯孔在此范围未显示溶洞。因此,只对 1♯孔进行处理,1♯孔溶洞累计高度为 3.1m,共用水泥浆 13.25m³,使用水泥 10.6t,平均每米旋喷使用水泥 3.42t。旋喷完成后套管口未溢出水泥浆,因此往孔内压入水泥砂浆,连续压入砂浆 5m³ 后无法继续压入停止泵浆。

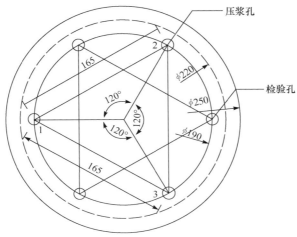

图 7.4　溶洞喷浆孔布置图

表 7.7　试桩位置溶洞分布与旋喷范围统计表

孔号	溶洞顶板		溶洞底板		溶洞高度/m	旋喷范围高程/m	溶洞内充填情况
	埋深/m	高程/m	埋深/m	高程/m			
1#	44.18	−35.89	45.98	−37.69	1.8	−38.69~−34.89	无填充
	47.18	−38.89	47.58	−39.29	0.4	−40.29~−37.89	无填充
	48.38	−40.09	49.28	−40.99	0.9	−41.99~−39.09	无填充

3. 56-11# 桩溶洞压浆处理情况

56-11# 桩经 1#、2# 钻孔勘探,溶洞分布特性见表 7.8,确定了相应的旋喷范围。

表 7.8　56-11# 桩基溶洞分布与旋喷范围统计表

孔号	溶洞顶板		溶洞底板		溶洞高度/m	旋喷范围高程/m	溶洞内充填情况
	埋深/m	高程/m	埋深/m	高程/m			
1#	53.38	−45.02	54.18	−45.82	0.80	−46.82~−44.02	无填充
	56.36	−48.00	58.36	−50.00	2.00	−51.00~−47.00	半填充
2#	52.87	−44.51	53.27	−44.91	0.40	−55.91~−43.51	有填充
	53.60	−45.24	55.10	−46.74	1.50	−47.74~−44.24	有填充
	57.20	−48.84	57.70	−49.34	0.50	−50.34~−47.84	有填充
	61.25	−52.89	65.27	−56.91	4.02	−57.91~−51.89	半填充

其中,1♯孔溶洞累计高度为 2.8m,共用水泥浆 15m³,使用水泥 12t,平均每米旋喷使用水泥 4.3t。旋喷完成后套管口未溢出水泥浆,因此往孔内压入水泥砂浆,连续压入砂浆 3m³ 后因砂浆供应暂停 40min,无法继续压入停止泵浆。2♯孔溶洞累计高度为 6.42m,共用水泥浆 26m³,使用水泥 21t,平均每米旋喷使用水泥 3.3t。旋喷完成后套管口未溢出水泥浆,因此往孔内压入水泥砂浆,连续压入砂浆 17m³ 后无法继续压入停止泵浆。

7.4.4　桩基成孔工艺分析

在砂层和卵石覆盖层的成孔冲进速度与泥浆性能、冲程有较大影响,通过对目前正在施工的 25♯、26♯、27♯、51♯、56♯墩桩基成孔过程的分析和总结,得出以下控制指标。

1. 泥浆指标控制

不同类型土层泥浆指标控制体现在以下几个方面:

(1) 粉砂及细、中粗砂层泥浆相对密度控制在 1.3～1.5kg/m³,黏度控制在 24～36Pa·s,含砂控制在 12% 以内,可获得较快的冲进速度,最快成孔速度可达 25cm/h。

(2) 卵石层、碎卵石层泥浆相对密度控制在 1.3～1.5kg/m³,黏度控制在 21～32Pa·s,含砂控制在 8% 以内,最快成孔速度可达 20cm/h。

(3) 基岩泥浆相对密度控制在 1.2～1.4kg/m³,黏度控制在 21～28Pa·s,含砂控制在 4% 以内,最快成孔速度可达 15cm/h。

2. 冲程高度控制

当通过护筒脚和砂、砂砾石或含砂量较大的卵石层时,宜采用 1～2m 的中小冲程,并调整泥浆浓度,反复冲击使孔壁坚实,防止坍孔。

当在溶洞顶板以上 50cm 以内成孔时,宜采用 1m 左右的小冲程多次冲击,冲破溶洞顶板后及时提锤,观察孔内泥浆面的变化情况,以免造成埋锤、掉锤事故。

当通过基岩时,采用 2～3m 的大冲程,使基岩破碎。在任何情况下,最大冲程不宜超过 6m,防止卡钻、冲坏孔壁或使孔壁不圆。

3. 溶洞地层成孔控制

当成孔接近岩溶地层以上 5m 时,需做好溶洞施工的准备工作,包括泥浆桶(装满泥浆或水)、回填片石、泥包等,以便进入溶洞发生漏浆时能及时进行溶洞回填和泥浆补充,避免因孔内泥浆面下降引起孔壁坍塌。

在到达溶洞顶板岩层和溶洞处理过程中应以小冲程钻进。击穿溶洞顶板后,孔内水位可能会下降,冲机作业人员应立即提起锤头,同时对孔内补水,以保持孔内水头高度;然后向孔内填土石,土石的比例是 1∶1,回填高度超出溶洞顶不小于 3m,并观察 2h,若无安全隐患,继续冲进。

7.5　桩基施工过程监控实例分析

广东省江肇高速公路西江特大桥所处地地貌主要为三角洲平原地貌,局部为低山丘陵地貌。据水域地震反射波测量江水深度,桥位中轴水深为 1.4～21.5m,床面高程为−20.0～0.2m。水底地形为由肇庆岸向江中心逐渐变深,江中间到近江门岸水底较平缓,靠江门岸江水最深。

西江特大桥桥位处于广三断裂带和西江断裂带范围内,桥位地层岩性复杂多样、特殊岩土发育,工程地质条件复杂。主桥地段处隐伏岩洞区,基底下石灰系石磴子组灰岩岩溶较发育。主墩桩基地质主要由卵石层、砾砂层、粗砂层、中砂层、细砂层、中风化-微风化灰岩组成,覆盖层局部含有淤泥质土。覆盖层厚度为 17.9～27.5m。各土层均饱和,卵石层密实,砂层、砾砂层由松散到中密,松散砂层、砾砂层渗水性强。微风化灰岩强度为 30～90MPa,岩样较完整。29♯、30♯、32♯墩溶洞及溶蚀裂隙集中发育,溶洞规模大,分布多,多数呈多层或串珠状分布,溶洞及裂隙基本可互相连通。

7.5.1　桩基施工概述

桩基全部为端承桩。主墩要求进入单轴抗压强度大于 12MPa 的微风化岩石,嵌岩深度大于 8m。西江特大桥共有 4 个主墩(图 7.5),分别为 29♯、30♯、31♯、32♯墩,每个主墩有 12 条,共 48 根深桩基,直径 3.0m,单桩最长长度为 60.5m,全部为端承桩。所有主墩桩基在 2009 年 6 月 12 日全部完成,且经过检测,全部为Ⅰ类桩。

图 7.5　西江特大桥桩基设计示意图

西江特大桥主墩桩基施工采用冲击钻和液压回旋钻两种成孔工艺进行成孔。成孔时对于冲机钻成孔采用正循环泥浆系统,均采用黄土造浆;对于回旋钻成孔采用气举式反循环泥浆系统,采用膨润土造浆。

7.5.2 桩基施工重点与难点

1. 水流急,砂卵石层厚,护筒下沉困难

主墩水深,常水位下,29♯墩水深 17～25m,30♯墩水深 20～21m,31♯墩水深17～20m,32♯墩水深 11～13m。水流湍急,非洪水季节水流速度为 0.8～2m/s;按已有水文统计资料分析,300 年一遇洪水的流速为 1.9～3m/s,100 年一遇洪水流速为 1.688～2.94m/s,50 年一遇洪水的流速为 1.614～2.876m/s。

覆盖层为砂层、卵石层,局部为淤泥质土,覆盖层厚 19～29m。整个覆盖层渗透性很强,砂层有可能为流砂层。在所有的地质补钻中,只有一个孔没有出现漏水情况。

桩基护筒直径 3.3m,壁厚为 2.5cm,下护筒时受水流的影响难以控制垂直度,采用 360t 振动锤振入,初振入土大部分为 12～18m,一次性难以振穿砂层。施工过程中很容易出现漏浆、塌孔。

2. 溶洞及溶蚀裂隙集中发育

溶洞规模大且溶洞空洞高,多数呈多层或串珠状分布,溶洞及裂隙相互连通。

根据地质补钻资料,29♯墩 10 个桩基下有溶洞分布,最大溶洞为 3.1m;4 个勘探揭示串珠状溶洞分布,1 个桩基下分布有 1 个 4.6m 土洞;此外,30♯墩的 7 个桩基穿越溶洞;32♯墩 10 个桩基下分布有溶洞,其中 3m 以上溶洞有 5 个,最大溶洞为 9.12m,串珠状溶洞有 3 个,且溶洞标高基本在同一标高上,部分溶洞互相连通。

由于目前的检测手段未能准确明了地反映溶洞的规模、连通情况,对于溶洞是否属于开放型也不能反映,施工中不可预见性很大。

3. 河床可能整体移动,同时溶洞连通成片

根据钻探时的漏浆情况和施工中 32♯墩前 B 桩周围护筒的偏位情况,砂层有可能为流砂层,整个河床在缓慢整体移动。同时由于有 29♯、32♯两个墩存在成片溶洞,施工风险很大。

4. 29♯墩前 E 桩入岩太深

根据地质补钻资料,29♯墩前 E 桩入岩达到了 41m。这对于桩径 3m,水深、覆盖层厚、岩层坚硬、岩面倾斜,同时又存在溶洞的桩基来说难度极大。

5. 岩面倾斜,表层溶洞较多

29♯墩、32♯墩岩面倾斜角度较大,29♯墩最大达 29°,32♯墩最大达 37°,岩面倾斜容易导致钻孔偏斜。表层溶洞容易导致冲锥锤受力不均出现偏孔,打穿溶洞顶板时容易出现岩层一边软一边硬的情况,也有可能出现半边溶洞的情况,导致偏孔、卡锤。

6. 桩径大,岩层强度大,岩层进尺慢

岩层强度达到 30~94MPa。根据以往的施工经验,钻机的平均进尺为 1.2m/d,冲机平均进尺为 1.7m/d。桩基的嵌岩深度为 8.5~18m(不包括 29♯墩前 E 桩),岩层的施工时间一般需要 7~15min,如遇溶洞因漏浆甚至塌孔需要处理的话施工时间更长。

此外,由于西江汛期天气恶劣(降水量大、台风影响大),涨水高达 10m;水流湍急,对施工的影响很大,同时桩基施工的不定因素很多,存在上述诸多难点,整个桩基施工保证率要求高。全桥工期为 30 个月,反推桩基的施工时间为 3 个月,工期非常紧张。

7.5.3　桩基础施工技术与过程监控

主墩桩基共采用 13 台 15t 冲机,2 台 KP3500 钻机进行施工;其中 29♯墩配 3 台 15t 冲机、30♯墩配 4 台 15t 冲机、31♯墩配 2 台冲机和 2 台 KP3500 钻机、32♯墩配 4 台 15t 冲机;采用 4 台宜昌"黑旋风"泥浆处理器进行排砂施工。南北岸段各配置 2×2000L 的拌和站进行混凝土的搅拌,配备 4 台 50 铲车进行上料;备用 2台 300kW 的柴油发电机以防外线供电故障;配备汽车吊、平板车及浮吊进行材料的转移,钢筋笼的下放;配备一批钢筋加工机械进行钢筋笼的制作。

1. 护筒下沉

桩基护筒在下沉过程中,测量组必须随时观测桩基护筒的中心位置、垂直度等技术指标,桩基护筒的中心位置控制偏差为 5.0cm,垂直度允许值为 0.5%。

护筒振入采用 360t 振动锤,当下沉深度满足设计要求,且护筒贯入度每分钟小于 5cm 时可停止;当入土深度不够时可适当将转速开到 2000~2500r/min,如果贯入度每分钟小于 5cm,则应停止下沉,转速不宜一开始选择过大,应慢慢由小调大,以免使护筒脚变形、卷边。

2. 泥浆控制

1) 冲机施工泥浆控制指标

粉砂及细、中粗砂层:密度为 1.3~1.5kg/m³,黏度为 30~36Pa·s,含砂<8%,泥皮厚≤2mm/30min,胶体率>96%,酸碱度为 8~10。

卵石层、碎卵石层:密度为 1.3~1.5kg/m³,黏度为 30~32Pa·s,含砂<8%,

泥皮厚≤2mm/30min,胶体率>96％,酸碱度为8~10。

岩层:密度为 1.2~1.4kg/m³,黏度为 28Pa·s 左右,含砂<4％,泥皮厚≤2mm/30min,胶体率>96％,酸碱度为8~10。

过护筒刃角时:密度为 1.35~1.5kg/m³,黏度>30Pa·s,含砂<8％,泥皮厚≤2mm/30min,胶体率>96％,酸碱度为8~10。

2) 钻机施工泥浆控制指标

砂层:密度为 1.07~1.15kg/m³,黏度为 21~23Pa·s,含砂率<4％,泥皮厚≤3mm/30min,胶体率>95％,酸碱度为8~11。

卵石层、岩层:密度为 1.10~1.15kg/m³,黏度为 23~28Pa·s,含砂率<4％,泥皮厚≤3mm/30min,胶体率>95％,酸碱度为8~11。

3. 成孔工艺

1) 冲击钻成孔工艺

采用 15t 冲机钻成孔,黄泥造浆。开孔后,先利用小冲程反复冲击黄泥造浆。利用与施工桩基相邻的钢护筒作为泥浆循环池(图 7.6)。开孔及整个钻进过程中,应始终保持孔内水位高出最高水位(施工期间)1.5~2.0m,并低于护筒顶面0.3m,以防溢出。

冲程大小和泥浆稠度情况体现在以下几个方面:

(1) 当通过护筒脚和砂、砂砾石或含砂量较大的卵石层时,宜采用 1~2m 的中小冲程,并调整泥浆浓度,反复冲击使孔壁坚实,防止坍孔。

(2) 当通过低液限含砂黏土层时,因土层本身可造浆,应降低输入的泥浆稠度,并采用 1~1.5m 的小冲程,防止卡钻、埋钻。

(3) 当通过基岩之类土层时,可采用 4~5m 的大冲程,使基岩破碎。

(4) 在任何情况下,最大冲程不宜超过 6m,防止卡钻、冲坏孔壁或使孔壁不圆。

图 7.6　西江特大桥桩基冲击成孔现场施工图

2) 回旋钻成孔工艺

每台钻机要求在钻头以上第一根钻杆处安装 10t 配重(即 5 对),投入膨润土造浆完毕后低速开钻,待整个钻头进入土层后进入正常速度钻进。在护筒脚部位必须慢速钻进,仔细观察钻机运行状况,发现异常及时处理,防止钻头刮到护筒。刮到护筒时,应马上调整钻头位置,使钻头中心与护筒中心位置重合,方可继续钻进。钻进过程中,经常观察泥浆面和河水位变化情况,防止护筒内外压差过大导致护筒脚漏浆,若发现漏浆必须马上停止钻进,在孔内添加膨润土,再慢速开动钻机,使抛入的膨润土在孔内向孔壁四周扩散,塞住漏浆处。待处理完毕,确认钻孔安全后方可继续钻进。

对不同地质情况采用不同的施工方法。

砂层:采用低速钻进,密度为 $1.07\sim1.15\text{kg/m}^3$ 黏度为 $21\sim23\text{Pa·s}$ 的泥浆护壁,连续采用除砂器进行除砂,使含砂率<4%,钻机采用双泵双马达低速的档位进行钻进,钻速为 $6\sim9\text{r/min}$,进尺速度控制在 1m/h 以内。

卵石:密度为 $1.10\sim1.15\text{kg/m}^3$,黏度为 $23\sim28\text{Pa·s}$ 的泥浆进行护壁,除砂器连续工作使含砂率<4%,采用三泵双马达低速按钮档位进行钻进,转速同样控制在 $6\sim9\text{r/min}$,进尺速度控制在 $0.2\sim0.5\text{m/h}$。

岩层:密度为 $1.10\sim1.15\text{kg/m}^3$,黏度为 $23\sim28\text{Pa·s}$ 的泥浆进行护壁,含砂率<4%,采用三泵双马达低速按钮档位进行钻进,注意观察钻杆的跳动情况,切不可采用高转速钻进,防止卡钻头、断钻头的事故发生。

为避免钻头压力过大造成偏孔或垂直度不符合要求,整个钻进过程始终采用减压钻进,钻压为钻头压力,采用自动给进。钻头刚开始接触岩面到完全入岩时必须严格控制孔底承受的钻压,不得超过钻具重力之和(扣除浮力)的 80%,进尺速度控制在 5cm/h,确保钻孔过程不发生斜孔。完全入岩 1m 左右时,方可全速钻进。

钻进过程中,预先用泥浆船备好优质泥浆。特别注意泥浆面的变化,如有泥浆面突然下降的情况,必须马上补充优质泥浆并投放黏性土以防止因漏浆而塌孔。

3) 冲、钻结合的成孔工艺

在 31♯、32♯ 主墩进行施工的冲机冲锤为 15t,与之配套的卷扬机由于功率稍小,泥浆较浓时,经常会出现提不起锤的现象,因此,在冲进覆盖层时,冲进速度较慢,孔底大量钻渣无法采用正循环及时清理。同时,32♯ 主墩桩基存在大量溶洞、溶蚀现象,无法采用钻机全程钻进。因此,在这两个主墩处,采用先钻后冲的成孔工艺。

在覆盖层采用 ZLJ-350 钻机钻进,待钻至距岩面 2m 左右,停止钻进,换冲机冲进,这样可充分发挥两种施工工艺的优势。其中细节部分体现在以下方面。

泥浆:钻机钻进时采用膨润土造浆,冲机采用黄泥即可,在两者进行转换时,可采用泥浆泵将其他孔内保存的优质黄泥浆抽至改孔孔底,同时将膨润土泥浆抽至其他孔内保存,这样可使泥浆反复循环使用,降低成本。在实际施工时,最后两条桩基在转换时,可直接在膨润土泥浆中加入黄泥即可。

两者进行转换时,整个过程仅需要 1 天,因此,转换过程不影响桩基施工。实际施工时,可根据泥浆指标及渣样,适当提早或者推迟转换时间。若泥浆黏度不足,需要补充膨润土,又接近岩面,也可提早转换,减少造浆成本。

4. 过护筒脚措施

1)冲机

过护筒脚时应慢速进尺,按 1:1 投入黏土和小片石,用冲锤以小冲程反复冲击,须重复回填反复冲击 2~3 次,过护筒脚时停止泥浆循环。

2)钻机

在护筒内钻进时,泥浆性能不作要求;但在通过护筒脚进入地层前,泥浆性能必须完全满足要求。过护筒脚时停止泥浆循环。在孔内添加膨润土,再慢速开动钻机,使抛入的膨润土在孔内向孔壁四周扩散,加强护筒脚护壁效果。

5. 过溶洞冲进措施

(1)对于充填型溶洞,根据地质资料,当冲进至溶洞顶部 50cm 左右时,应减缓冲进速度,停止泥浆循环,同时投入片石和黏土,反复冲击,让黏土和片石充分挤入溶洞内壁,这样反复抛填片石冲挤,使片石往桩孔四周的溶洞区内排挤,直至桩孔外溶洞区内挤满片石且通过溶洞。

(2)对于无充填溶洞,在穿过顶板进入溶洞时,极可能发生急骤漏浆,此时应停止泥浆循环,尽快投入袋装黄泥和片石,使其以最快速度沉入孔底,用冲锤挤压,封堵裂缝或充填溶洞并及时补充优质泥浆。因此需要提前准备好大量的黄泥包以及片石。对于有溶洞的桩基,在开冲前也考虑两种预处理方案。

在冲进过程中,对照每个孔的钻探资料,快接近溶洞顶板位置时,冲击钻头操作要平稳,尽可能少碰孔壁,进入溶洞顶板时严格控制冲程:溶洞顶板高度较大时,采用较大冲程,高度较小时采用小冲程,冲程小于 1m。在进入溶洞顶板后(如顶板上一层为黏土、亚黏土层时,也可在进入岩面之前约 1m 时套护筒,用振动锤振到岩面)及时套用直径小一级的护筒,并辅以振动锤施打(尽可能嵌岩)。然后改用与所套用护筒相匹配的冲锤继续钻进,慢慢穿过顶板,在冲进过程中按一定比例投入黄土及片石来封堵裂隙。

对于复杂的大溶洞,可采用 $\phi30\text{cm}$ 的冲锤小冲程先击穿顶板(观察溶洞漏浆情况),再改用原来冲锤钻进。

在开冲之前对桩基周围河床进行静压注浆固结,冲进至溶洞顶 2m 左右时用 $\phi127\text{mm}$ 套管钻穿溶洞并压浆。在实际操作中,该处理方案相对简单、比较节约工期和成本,因此在本书中主要采取静压注浆、溶洞压浆预处理措施。

6. 溶洞预处理方案

对于没有溶洞的 31# 墩,采取静压注浆的办法对河床进行整体加固后再进行桩基施工。

对于有溶蚀裂隙和溶洞的 29# 墩、30# 墩、32# 墩,采取静压注浆的办法对河床进行整体加固外,同时对溶洞及溶蚀发育段进行注浆加固。

1) 溶洞压浆

压浆施工步骤为:下套管—钻孔至溶洞—压浆(砂浆或者小碎石混凝土)。

考虑到溶洞不止一个且有可能不连通,每条桩均匀布置钻 2~3 个孔,即先钻一个孔进行压浆,压完后再钻第二个孔压浆,第二个孔压完后再钻第三个孔进行压浆。第二、第三个孔起到检验压浆填充情况和补浆的作用。

对 2m 以上溶洞钻 3 个孔,可压小碎石混凝土。对于 2m 以下溶洞钻两个孔,压砂浆。

溶洞经压浆后,在冲至溶洞标高时,均只出现小幅漏浆,此时处理方法:停止泥浆循环,加黄泥、片石后反复冲击。

2) 静压注浆

由于覆盖层松散、渗透性强、层厚。为解决桩基施工中出现的平台管桩及钢护筒整体下沉,防止桩基因溶蚀裂隙或溶洞漏浆塌孔造成整个平台下陷的严重后果,以及防止冲过护筒脚时漏浆,对桩周覆盖层进行静压注浆。每个桩基周边均匀布置 8 个钻探及压浆孔,注浆范围为岩面至护筒脚以上 3m 左右。静压注浆采用套管法注浆,即采用 ϕ127mm 套管打至护筒脚上 2m 左右,然后将套管内的泥沙逐出管外。静压注浆水灰比为 1∶1。

在本书中,通过静压注浆后,桩周覆盖层得到了很好的固化,有下沉趋势的钢管桩均停止下沉,因溶洞或溶蚀裂隙引起大幅漏浆均没有造成桩基塌孔的现象,在冲至护筒脚位置时绝大部分的桩基都没有漏浆的现象。

3) 静压注浆与溶洞压浆结合

对于有的桩基,既需要对其周围河床进行固结,也存在溶洞的隐患,因此采取先在护筒外静压注浆,再对溶洞进行压浆的施工方法。静压注浆的时间一般选择在桩基开冲前或还未冲过护筒脚;而溶洞压浆时间的选取对成孔时间的影响非常大,我们选择在冲机正常冲至据溶洞还有 2m 高的位置时,再由下套管钻至溶洞进行压浆。该方案与一开始就下套管钻至溶洞并压浆相比,不用钻穿整个覆盖层,可以节省 5~8 天时间。

成孔过程中关键技术归纳总结为以下几个方面。

(1) 因存在溶洞,在成孔过程中,钢护筒须与平台或者相邻已完成桩基的钢护筒牢固连接。冲机成孔时,可采用焊接牛腿连接;采用钻机成孔时,不能采用硬连接,而只能采用钢护筒加手拉葫芦的方式软连接。因在钻机成孔过程中,钻机会带动平台产生水平晃动,如采用硬连接,则会带动护筒晃动,导致护筒脚塌孔。

(2)有溶洞存在的桩基在成孔时,无论是否已进行预处理,均须在平台上备足黄泥包,以便在发生漏浆时及时抛填、堵漏。

(3)在成孔过程中,须经常提锤检查,防止发生掉锤、卡锤等现象。

(4)因钻机成孔时泥浆成本较高,须配备泥浆船进行储浆。如果有条件的情况下,优质黄泥浆也应进行储存,以减少造浆的时间及成本。

(5)在遇到岩面倾斜时,须经常抛填片石进行修孔,但切记不可过多抛填,每次只需填至岩面平整即可。

(6)冲桩前,须根据地质情况,仔细对成孔计划进行编排,严禁出现相邻桩基同时施工的现象,避免串孔。

(7)成孔过程中,须经常观察钢护筒是否下沉。

(8)严格控制黄泥质量,每次进场的黄泥须检查含砂率,未达标的黄泥坚决不能使用。

钻进达到经业主、设计单位、监理共同认可的预定终孔标高时,报监理工程师验孔、认可、签证,方可终孔,并制作探笼。探笼长按 12m 进行加工制作,直径比桩基钢筋笼大 10cm。在钻孔过程中以及终孔时,都需要使用探笼来检测钻孔的垂直度及孔径大小,以确保钢筋笼能顺利下放。

岩溶地区桩基施工全过程控制与质量监控如图 7.7 所示。

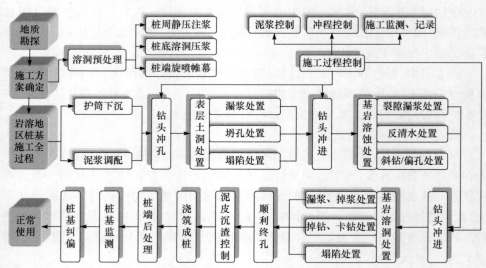

图 7.7　岩溶地区桩基施工全过程控制与质量监控

第8章 岩溶地区桥梁桩基检测技术与方法

8.1 岩溶桩基承载特性试验概况

8.1.1 工程概况

广东省肇花高速公路西起肇庆四会市,途经佛山市三水区芦苞镇、大塘镇,北江特大桥为珠江三角洲环线高速公路黄冈至花山段中跨越北江所设的桥梁,采用双向六车道高速公路标准,设计速度 120km/h。

8.1.2 桩位选择及工程地质

根据当时的施工进度和补勘资料显示的地质情况,拟定在 35-4♯桩和 36-3♯桩进行试桩试验,两根试桩均按端承桩设计。35-4♯桩桩位对应的钻孔编号为 BJ35-4♯,36-3♯桩桩位对应的钻孔编号为 BJ36-3♯。35-4♯桩、36-3♯桩桩位处地质钻孔参数见表 8.1 和表 8.2。

表 8.1　试桩(35-4♯)桩位处钻孔地质参数表

层号	土层名称	层厚/m	层底标高/m	桩侧摩阻力标准值/kPa	桩端承载力标准值/kPa
1_1	素填土	3.60	5.18	30	
2	粉质黏土	1.40	3.78	40	
3_5	中砂	5.00	−1.23	50	
3_6	粗砂	1.90	−3.13	65	
6_4	细砂	4.00	−7.13	40	
6_7	砾砂	4.10	−11.23	60	
6_8	圆砾	12.10	−23.33		
6_9	卵石	8.90	−32.23	180	
23-3_11	中风化灰岩	0.20	−32.43	180	
23-3_01	溶洞	4.00	−36.43		
23-3_11	中风化灰岩	8.30	−44.73	180	1500

表 8.2　试桩(36-3♯)桩位处钻孔地质参数表

层号	土层名称	层厚/m	层底标高/m	桩侧摩阻力标准值/kPa	桩端承载力标准值/kPa
1_1	素填土	0.24	6.66	30	
2	粉质黏土	3.1	3.56	40	
3_4	细砂	3.1	0.46	40	
3_6	粗砂	7	−6.54	65	
4_1	淤泥质粉质黏土	3	−9.54	25	
6_5	中砂	3	−12.54	50	
6_7	砾砂	3	−15.54	60	
6_9	卵石	13.8	−29.34	180	
23-3_11	中风化灰岩	2.7	−32.04	180	
23-3_01	溶洞	4.3	−36.34		
23-3_11	中风化灰岩	0.76	−37.1	180	1500

8.1.3　试桩的设计和施工

1. 试桩参数

根据补勘资料显示的地质情况可知,在 35-4♯ 桩所处的地层中存在溶洞,桩端入岩后穿越溶洞,且在桩端以下一定范围内有下伏溶洞,试桩设计直径为 1.8m 的端承桩,下伏溶洞的顶板厚度为 6.3m,是桩径的 3.5 倍。在 36-3♯ 桩所处的地层中存在溶洞,桩端入岩后穿越溶洞,选择中风化灰岩作为桩端持力层,试桩参数见表 8.3。

表 8.3　试桩参数表

试桩号	桩径/mm	桩长/m	桩顶标高/m	单桩设计容许承载力/kN
35-4♯	1.8	44	5.6	8500
36-3♯	1.8	44	6.9	

2. 试验目的

试验采用自平衡法,主要试验目的体现在以下几个方面:
(1) 验证单桩的设计承载力。
(2) 实测桩侧土分层摩阻力和桩端反力及桩端阻力、侧阻力的分担情况。
(3) 实测桩身轴力、摩阻力分布。

3. 荷载箱设计及埋设位置确定

1) 荷载箱设计
根据试桩要求和提供的试桩桩位附近补勘的地质钻孔资料,经计算确定荷载箱的埋设标高(根据详细地质资料确定)。因为是用工程桩作为试桩,试验后仍作为工程桩使用,35-4♯桩、36-3♯桩的单桩设计容许承载力均为 8500kN,由此确定两根试桩的试验最大加载量为 2×8500kN,荷载箱的最大加载能力设计为 2×12800kN。

根据提供的试桩桩位补充勘察钻孔柱状图资料和基桩的设计承载力容许值,以及桩端持力层及桩身穿越的溶洞情况确定荷载箱的埋设位置,见表 8.4。

表 8.4　试桩荷载箱埋设标高

试桩号	荷载箱底板标高/m	距桩端距离/m
35-4♯	−32.43	5.97
36-3♯	−32.04	5.06

2)平衡点位置的确定

自平衡试桩的平衡点(即荷载箱埋设位置)是根据地质报告和基桩设计参数,试桩上段桩的桩侧摩阻力和有效自重与下段桩桩侧摩阻力和桩端阻力之和相等的原则来确定的。对于 35-4♯试桩和 36-3♯试桩平衡点位置的确定,主要考虑:①试桩最大加载量的要求;②桩周各岩土层类型、相应的地质参数;③自平衡加载方式下上段桩的侧摩阻力为负侧摩阻力、上段桩桩身自重;④自平衡法中关于荷载箱上部土层正负侧摩阻力的修正系数(黏性土、粉土取值 0.8,砂土取值 0.7,岩石取值 1);⑤桩端持力层的性质;⑥根据所采用的成孔施工工艺和以往的试桩经验对地质资料的分析等,经综合分析计算确定荷载箱的埋设位置。

4.试桩的施工

根据试桩要求和计算出的荷载箱埋设位置,在钢筋笼加工过程中,将试桩检测用的荷载箱、测试元件等焊接安装好,测试管线引至桩顶钻孔平台以便于后期试验测试。

1)35-4♯桩施工

试桩施工采用冲击钻成孔,于 2011 年 12 月 26 日开钻,2012 年 1 月 6 日中午 12:00 终孔,终孔标高为 −38.581m。清孔合格后下放钢筋笼,二次清孔合格后于 2012 年 1 月 9 日浇筑桩身混凝土,实际浇筑混凝土 130m³。

2)36-3♯桩施工

试桩施工采用冲击钻成孔,于 2012 年 2 月 20 日开钻,2012 年 3 月 10 日终孔,终孔标高为 −37.208m。清孔合格后下放钢筋笼,二次清孔合格后浇筑桩身混凝土,实际浇筑混凝土 124m³。

8.2 岩溶桩基承载特性自平衡试验方法

8.2.1 测试原理

自平衡测试法是利用试桩自身反力平衡的原则,在桩端附近或桩身某截面处预先埋设单层(或多层)荷载箱,加载时荷载箱以下将产生端阻和向上的侧阻以抵抗向下的位移,同时荷载箱以上将产生向下的侧阻以抵抗向上的位移,上下桩段的反力大小相等、方向相反,从而达到试桩自身反力平衡加载的目的。试验时,在地面上通过油泵加压,随着压力的增加,荷载箱伸长,上下桩段产生弹(塑)性变形,从而促使桩侧和桩端阻力逐步发挥。荷载箱施加的压力可通过预先标定的油泵压力表测得,荷载箱顶底板的位移可通过预先设置的位移棒(或位移丝),在桩顶(或工作平台)附近用位移传感器测得。由此可测得上下桩段两条 $Q\text{-}S$ 曲线及相应的 $S\text{-}\lg t$ 曲线,采用合理的测试数据等效转换方法和承载力确定方法,即可确定基桩的极限承载力、桩侧、桩端阻力分担情况等(图 8.1)。

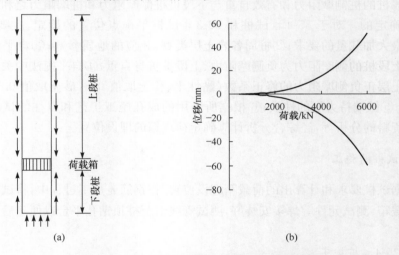

图 8.1　自平衡加载受力示意及试验典型曲线

8.2.2 测试系统

1. 加载系统

自平衡试桩法的主要装置是特别设计的液压千斤顶式的荷载箱,根据试验桩径和试验荷载的大小,荷载箱内设置一个或多个千斤顶并联而成。为使荷载箱两端的桩身受力均匀、便于和钢筋笼焊接,在千斤顶上、下分别用适当厚度的钢板连接。它按不同的桩型、截面尺寸和荷载大小设计制作。为保证垂直受力,荷载箱平放于试桩中心,荷载箱的轴线应尽量与桩身轴线保持一致;荷载箱位移方向与桩身轴线夹角≤5°,荷载箱最大双向加载能力可按地质报告的单桩极限承载力的 1.2～1.5 倍计算。

2. 数据采集系统

为了满足试验的要求和数据的精度,本书试验使用 RS-JYC 桩基静载荷测试分析系统。该系统可自动采集自动读数、自动记录,且采集精度高,能够满足自平衡加载测试的要求(图 8.2)。

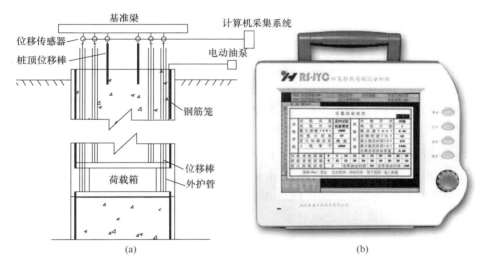

图 8.2　自平衡测试系统示意图

3. 荷载与位移的量测装置

采用连于荷载箱输压管的压力表测定油压,根据荷载箱标定曲线换算荷载。位移测试采用位移传感器测量,在桩顶设置测点测量桩顶位移;并通过伸出桩顶的位移棒测量荷载箱顶底板的向上和向下位移。

固定和支承位移传感器的基准梁采用一端固定一端竖向约束的方式,且与试桩保持一定的距离,以保证不受气温、振动及其他外界因素影响其竖向变位。基准梁必须具有相当的刚度(刚度不小于 I40a 工字钢),并应避免日照和雨淋,现场搭设了防风防雨棚。基准桩与试桩中心之间的距离不小于 4m;基准桩具有充分的稳定性,满足试验要求。

1) 现场检测

根据现场施工组织安排,在桩土休止期和桩身混凝土强度满足规范规定、现场条件符合检测要求后,检测单位进驻现场开始试验前的准备工作。

试桩采用自平衡法测试,试验主要参考依据如下:①《公路桥涵地基与基础设计规范》(JTG D63—2007);②《基桩静载试验自平衡法》(JT/T 738—2009);③《建筑基桩检测技术规范》(JGJ 106—2014);④《公路桥涵施工技术规范》(JTG/T F50—2011);⑤北江特大桥35-4♯桩、36-3♯桩补充勘察地质钻孔柱状图。

(1)试验加卸载方式。试验采用慢速维持荷载法,即逐级加载,每级荷载达到相对稳定后方可进行下一级加载,达到预定的最大加载量,然后分级卸载至零。

试验前预加载试验。在所有试验设备安装完成后,正式试验之前,先进行一次系统检查。方法是对试桩施加一较小的荷载进行预压,目的是消除非桩身位移,排除测试管路中的空气,检查管路接头、阀门等。一切正常后,卸载至零,待位移传感器及加载系统回零后,方可进行正式加载。

(2)试验加卸载过程。加载应分级进行,每级加载量为最大加载量的1/10。根据桩端持力层性质,第一级按2倍的分级荷载值加载。

卸载也是分级进行。每级卸载量为2～3个加载级的荷载值。

加卸载均匀、连续,每级荷载在维持过程中的变化幅度不超过分级荷载的10%。两根试桩的试验加卸载分级见表8.5。

表8.5 试桩试验加卸载分级表

阶段	序号	荷载/kN
加载	1	2×850
	2	2×1700
	3	2×2550
	4	2×3400
	5	2×4250
	6	2×5100
	7	2×5950
	8	2×6800
	9	2×7650
	10	2×8500

续表

阶段	序号	荷载/kN
卸载	1	2×6800
	2	2×4250
	3	2×1700
	4	0

（3）位移观测和稳定标准。试桩位移观测采用电子位移传感器进行测量,电脑程序自动采集、记录。固定位移传感器的磁性表座安放在基准梁上,双 I360 的基准梁架设于基准桩上,基准桩和基准梁稳定性及刚度满足试验要求。

位移观测:试验采用慢速维持荷载法,每级荷载加(卸)载后第 1h 内在第 5min、10min、15min、30min、45min、60min 测读位移,以后每隔 30min 测读一次,达到相对稳定后方可进行下一级荷载。卸载至零后应至少观测 2h,测读时间间隔同加载。

相对稳定标准:每级加(卸)载的向上、向下位移量,在下列时间内均不大于 0.1mm:①桩端为巨粒土、粗粒土或坚硬黏质土,最后 30min;②桩端为半坚硬黏质土或细粒土,最后 1h。

（4）终止加载条件。当试验出现下列情况之一时,即可终止加载:①荷载箱向上或向下位移量达到 30mm;②达到预定的最大加载量。

现场试验时,加载到预定的最大加载量、位移稳定后停止加载,转为正常卸载。

2）自平衡法试桩承载力的确定方法

自平衡测试结果得到的是荷载箱的向上、向下位移曲线及桩身轴力分布等,而工程设计人员希望提供桩顶加载方式下的荷载-沉降关系曲线,以便了解基桩的承载性能从而评估上部结构的受力状况。因此必须通过合理的方法,将自平衡实测的分段曲线等效为桩顶加载方式下的单一荷载-沉降曲线,然后根据等效转换曲线按传统静载试验确定极限承载力的方法确定试桩极限承载力。

（1）规范公式法

由于自平衡加载方向与实际受力的不同,应考虑上段桩侧阻力与实际受力下桩侧阻力的差异以及上段桩自重,根据荷载箱上、下桩段的位移随荷载的变化曲线分别确定上段桩的极限桩侧阻力及下段桩的桩侧与桩端阻力之和,综合分析自平衡加载方式下的极限承载力。

依据上、下桩段的 Q-S 曲线,由合适的承载力确定方法分别求得上、下段桩的极限承载力,并考虑自平衡加载时正负摩阻力的差异,在将自平衡测试的上段桩负摩阻力转换为压桩正摩阻力时,引入修正系数 γ,根据试桩的加载极限值,可按下式计算试桩的极限承载力:

$$P_u = \frac{Q_{uu} - W}{\gamma} + Q_{lu} \tag{8.1}$$

式中，P_u 为试桩的单桩竖向抗压极限承载力(kN)；Q_{uu} 为试桩上段桩的加载极限值(kN)；Q_{lu} 为试桩下段桩的加载极限值(kN)；W 为试桩荷载箱上段桩桩身自重(地下水位以下按浮容重计)(kN)；γ 为试桩的修正系数，根据荷载箱上部土的类型确定。

由于该法较为简单，应用比较广泛。在实际工程中，桩侧土层分布较为复杂，黏性土、砂土等都存在，不可能采用黏性土或砂土的单一修正系数，国内外工程应用时将修正系数取为 0.7～1.0，黏性土、粉土取 0.8，砂土取 0.7，岩石取 1.0。目前该法仍在国内外试桩中使用，并且被纳入交通运输部行业标准《基桩静载试验自平衡法》(JT/T 738—2009)，作为一种单桩极限承载力确定的方法。

（2）简化等效转换法

简化转换法只需要测试荷载箱向上、向下位移和桩顶位移，它的转换原理就是将自平衡试验实测分段荷载-位移曲线等效转换为桩顶加载方式下的单一荷载-沉降曲线，就是以荷载箱以下桩体的实测荷载-位移曲线为基础，考虑荷载箱以上桩体的有效阻力及附加压缩量，叠加等效转换为桩顶加载方式下的荷载-沉降曲线（图 8.3）。转换方法可以采用下式计算：

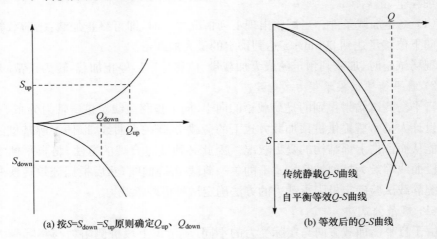

(a) 按 $S=S_{down}=S_{up}$ 原则确定 Q_{up}、Q_{down}　　　(b) 等效后的 Q-S 曲线

图 8.3　单层荷载箱转换示意图

$$Q = \frac{Q_{up} - G_{up}}{\gamma} + Q_{down} \tag{8.2}$$

$$S = S_{down} + \frac{\dfrac{Q_{up} - G_{up}}{\gamma} + 2Q_{down}}{2EA} \tag{8.3}$$

式中，Q、S 为转换后的桩顶荷载、桩顶沉降；Q_{down} 为荷载箱的向下荷；Q_{up} 为对应于

自平衡法 Q_{up}-S_{up} 曲线中上段桩位移绝对值等于 S_{down} 时的上段桩荷,亦即在自平衡法向上的 Q_{up}-S_{up} 曲线上使 $S_{down}＝S_{up}$ 时所对应的荷载;G_{up} 为上段桩自重;S_{down} 为荷载箱向下位移量;修正系数 γ 根据荷载箱上部土的类型确定,若上部有不同类型的土层,取加权平均值。

　　根据等效转换方法得到的桩顶加载方式下的 Q-S 曲线,按现行规范中对传统静载试验的有关规定确定试桩的极限承载力。对于该方法,交通运输部行业标准《基桩静载试验自平衡法》(JT/T 738—2009)作为一种规范性附录给出,是一种将自平衡法试桩的分段 Q-S 曲线等效转换为相应传统静载试验方式下桩顶的荷载-沉降关系的单桩极限承载力确定方法。

（3）精确转换法

① 精确转换原理

　　在桩承载力自平衡测试中,可测定各级荷载箱荷载及相应垂直方向的向上、向下的位移量,以及桩身在不同深度的应变(应变的测试可通过预先沿桩身分层埋设测试元件实现)。通过桩的应变和截面刚度,由相关计算公式,可计算出桩身的轴力,进而求出不同深度的平均桩侧摩阻力;同时由桩身各点的应变或轴力、各分段单元的平均断面刚度,可计算出各单元中点位移量;利用荷载传递解析方法,将桩侧摩阻力与位移的关系、荷载箱荷载与向下位移量的关系,换算成等效的桩顶荷载对应的荷载-沉降关系。精确转换方法作为一种将自平衡法试桩的分段 Q-S 曲线等效转换为相应传统静载试验方式下桩顶的荷载-沉降关系的单桩极限承载力确定方法,已成为一种规范性附录写入了交通运输部行业标准《基桩静载试验自平衡法》(JT/T 738—2009)。

　　在转换时做出以下假定:桩为弹性体;各分段单元的弹性变形可由单元上、下端面的平均轴力和断面刚度求得;自平衡测试法测得的下段桩桩顶荷载与向下位移量的关系以及上段桩各分段单元的桩侧摩阻力与位移的关系,在向传统静载桩顶荷载转换时同样适用;可根据有关资料分层设定正负摩阻力比值系数,使转换结果更趋于实际情况。按以上假定,转换时将自平衡测试的荷载分段传递方式变为传统静载的自上而下的传递方式。

　　将自平衡测试法中的荷载箱以上桩段划分为 n 个单元(图 8.4),转换后任一单元顶点 i 的桩身轴力 P_i 和相应位移量 S_i 可表示为

$$P_i = P_j + \sum_{m=i}^{n} f_m (U_m + U_{m+1}) \cdot \frac{h_m}{2} \qquad (8.4)$$

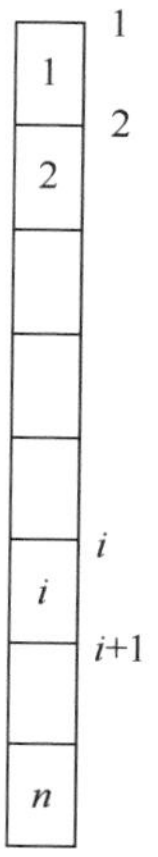

图 8.4　上段桩单元及节点编号

$$S_i = S_{i+1} + \frac{P_i + P_{i+1}}{A_i E_i + A_{i+1} E_{i+1}} \cdot h_i = S_j^- + \sum_{m=i}^{n} \frac{P_m + P_{m+1}}{A_m E_m + A_{m+1} E_{m+1}} \cdot h_m \quad (8.5)$$

式中，P_j 为 $i=n+1$ 点的桩身轴力，即荷载箱荷载；S_j^- 为自平衡法中荷载箱底板的向下位移量；f_m 为传统静载受力方式下桩身 m 单元的平均侧摩阻力；U_m 为 m 点的桩周长；$A_m E_m$ 为 m 点处桩身刚度；h_m 为 m 单元分段长度。

转换后桩单元 i 的中点位移量 S_{mi} 可表示为

$$S_{mi} = S_{i+1} + \frac{P_i + 3P_{i+1}}{A_i E_i + 3A_{i+1} E_{i+1}} \cdot \frac{h_i}{2} \quad (8.6)$$

将式(8.4)代入式(8.5)和式(8.6)，可得

$$S_i = S_{i+1} + \frac{h_i}{A_i E_i + A_{i+1} E_{i+1}} \cdot \left[2P_j + \sum_{m=i+1}^{n} f_m (U_m + U_{m+1}) \cdot h_m + f_i \cdot (U_i + U_{i+1}) \cdot \frac{h_i}{2} \right] \quad (8.7)$$

$$S_{mi} = S_{i+1} + \frac{h_i}{A_i E_i + 3A_{i+1} E_{i+1}} \cdot \left[2P_j + \sum_{m=i+1}^{n} f_m (U_m + U_{m+1}) \cdot h_m + f_i \cdot (U_i + U_{i+1}) \cdot \frac{h_i}{4} \right] \quad (8.8)$$

当 $i=n$ 时，有

$$S_n = S_j^- + \frac{h_n}{A_n E_n + A_{n+1} E_{n+1}} \cdot \left[2P_j + f_n \cdot (U_n + U_{n+1}) \cdot \frac{h_n}{2} \right] \quad (8.9)$$

$$S_{mn} = S_j^- + \frac{h_n}{A_n E_n + 3A_{n+1} E_{n+1}} \cdot \left[2P_j + f_n \cdot (U_n + U_{n+1}) \cdot \frac{h_n}{4} \right] \quad (8.10)$$

弹性压缩递推转换是通过理论弹性压缩量计算上段桩的位移，因此上段桩桩侧摩阻力显得尤为重要，计算时可由自平衡测得的桩侧摩阻力与桩身位移的关系进行公式拟合，对于未充分激发的土层摩阻力，必要时可根据地质钻孔资料进行外延。

根据荷载箱的各级荷载及相应的向上、向下位移量，利用以上公式计算得到传统静载方式下的桩顶荷载及相应沉降。

② 基桩轴力及相关指标的计算方法

轴力计算：为进行单桩荷载传递分析，即在桩顶荷载作用下桩身轴力沿深度的变化，试桩在灌注水下混凝土前，在钢筋笼不同深度位置（桩侧土层分界处）埋设应力传感器。当桩进行静载荷试验时，应力传感器中钢弦的振动频率由于受力就会发生变化，用振弦式频率仪测出钢弦的频率变化就可得出钢弦的受力大小，通过下述公式，即可得出桩身轴力，相邻两测试截面的轴力之差即为该段桩身侧摩阻力。

桩身轴力计算公式为

$$P(i,j) = \frac{[f(0,j)^2 - f(i,j)^2] \cdot K}{E_S \cdot E_c \cdot A_c} \quad (8.11)$$

式中，$P(i,j)$ 为第 i 级荷载作用下 j 截面桩身轴力（kN）；E_s 为钢筋弹性模量（MPa）；E_c 为混凝土的弹性模量（MPa）；A_c 为桩身等效截面积（m²）；$f(0,j)$ 为加载前 j 截面传感器的频率（Hz）；$f(i,j)$ 为第 i 级荷载作用下 j 断面传感器频率（Hz）；K 为率定系数。

　　桩身轴力测试与加压荷载及位移观测同步进行，在每级荷载加载完毕位移变化稳定时，通过振弦式频率仪测读加载过程桩身各断面的受力。

　　桩侧摩阻力计算：自平衡加载方式下桩身各单元 i 的平均摩阻力为

$$\tau_i = \frac{2(P'_i - P'_{i+1} - G_i)}{(U_{i+1} + U_i) \cdot h_i} \quad (下段桩\ G_i = 0) \tag{8.12}$$

　　桩身截面位移计算：为求得桩侧摩阻力的荷载传递函数，需计算各桩段中点的桩身位移。各单元顶点 i 的位移量为

$$S'_i = S_j - \sum_{m=i}^{n} \frac{P'_m + P'_{m+1}}{E_m A_m + E_{m+1} A_{m+1}} h_m = S_{i+1} - \frac{P'_i + P'_{i+1}}{E_i A_i + E_{i+1} A_{i+1}} h_i \tag{8.13}$$

则各桩段单元中点位移量为

$$S'_{mi} = S_j - \sum_{m=i}^{n} \frac{P'_m + 3P'_{m+1}}{E_m A_m + 3E_{m+1} A_{m+1}} \cdot \frac{h_m}{2} \tag{8.14}$$

式中，P'_i 为自平衡加载方式下桩身各单元 i 点的桩身轴力；S_j 为自平衡法中荷载箱顶板的向上（或向下）位移量。

　　③ 极限承载力的确定

　　根据等效转换的桩顶加载方式下的 $Q\text{-}S$ 曲线，按传统静载试验现行规范中的有关规定或按设计要求的桩顶变形量进行控制，以精确转换法的结果为准，确定试桩的极限承载力。《基桩静载试验自平衡法》（JT/T 738—2009）中确定试桩承载力的简化方法作为辅助参考。

8.3　岩溶桩基承载特性试验结果分析

8.3.1　试桩数据分析及极限承载力的确定

　　1. 35-4♯桩试验情况及测试数据分析

　　1）试验过程及试桩分段 $Q\text{-}S$ 曲线

　　35-4♯试桩现场试验于 2012 年 3 月 21 日开始，3 月 22 日结束。试验过程顺利，当加载至 2×8500kN 时，荷载箱向上位移为 1.59mm，向下位移为 0.81mm。达到预定的最大试验加载量，满足试验终止加载的条件，按照既定的程序转为卸载。

　　自平衡测试各级荷载下的位移数据及分段 $Q\text{-}S$ 曲线见表 8.6 和图 8.5。

表 8.6　35-4♯试桩自平衡试验汇总表

阶段		荷载/kN	位移/mm	
			向上	向下
加载	1	0	0	0
	2	2×1700	0.05	0.02
	3	2×2550	0.09	0.05
	4	2×3400	0.11	0.07
	5	2×4250	0.18	0.11
	6	2×5100	0.44	0.16
	7	2×5950	0.65	0.24
	8	2×6800	0.92	0.46
	9	2×7650	1.27	0.63
	10	2×8500	1.59	0.81
卸载	1	2×5950	1.49	0.74
	2	2×3400	1.23	0.65
	3	2×850	0.81	0.52
	4	0	0.54	0.43

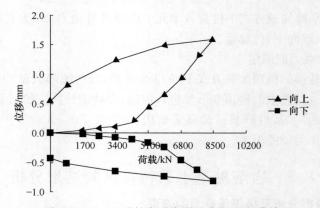

图 8.5　35-4♯试桩自平衡测试分段 Q-S 曲线

2）自平衡试验位移数据分析

根据实测的位移值，可以得到上、下段桩的桩土体系弹性变形值，详见表 8.7。

表 8.7　35-4♯试桩试验位移数据分析表

最终加载值/kN	荷载箱向上位移/mm	向上残余位移/mm	上段桩土体系弹性变形/mm	荷载箱向下位移/mm	向下残余位移/mm	下段桩土体系弹性变形/mm
2×8500	1.59	0.54	1.05	0.81	0.43	0.38

3) 试桩轴力及轴力分布图

由于桩侧摩阻力的作用,桩身轴力随着距桩身截面至荷载箱的距离的增加而减小。上段桩桩身轴力自荷载箱处向桩顶逐渐递减;下段桩桩身轴力自荷载箱向桩端递减。试桩在自平衡法测试各级荷载作用下的轴力数据及轴力-深度分布见表8.8和图8.6。

表 8.8　35-4#试桩各级荷载作用下轴力数据表

标高/m ＼ 轴力/kN ＼ 荷载/kN	2×1700	2×2550	2×3400	2×4250	2×5100	2×5950	2×6800	2×7650	2×8500
3.78	5	10	16	26	37	69	80	96	123
−1.23	6	10	10	92	146	213	246	270	333
−3.13	10	10	10	95	154	224	298	346	425
−7.13	16	32	48	175	303	462	589	653	732
−11.23	17	35	56	199	326	564	761	841	1031
−23.33	19	47	70	474	795	1193	1614	1812	2333
−28.03	48	77	130	715	1141	1682	2207	2599	3216
−32.43	1700	2550	3400	4250	5100	5950	6800	7650	8500
−36.43	43	86	144	1147	1989	2997	4000	4367	4746
−38.581	16	31	78	246	537	890	1226	1440	1669

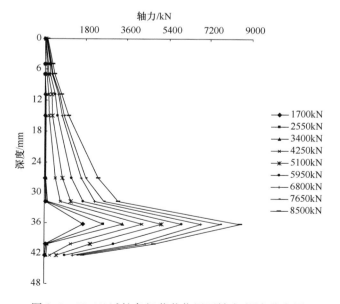

图 8.6　35-4#试桩各级荷载作用下轴力-深度分布图

4）试桩桩周各岩土层分层摩阻力及其分布

随着荷载的增加,桩身位移量和压缩量增大,桩侧摩阻力随之调动起来,靠近荷载箱的岩土层侧摩阻力首先发挥作用,然后远离荷载箱的土层侧摩阻力逐渐发挥。试验时荷载箱向上、向下的位移比较小,由试验荷载-位移关系曲线可知,桩周岩土层侧摩阻力未能得到充分激发。根据实测试桩的桩身轴力,计算得到试桩在各级荷载作用下桩侧岩土层的实测阻力值见表8.9,侧摩阻力随深度的分布如图8.7所示,图中深度以桩顶标高为起点向桩底计算。

表8.9　35-4♯试桩各级荷载作用下部分土层分层有效侧摩阻力数据表

侧摩阻力/kPa　　荷载/kN　　　　标高/m	2×1700	2×2550	2×3400	2×4250	2×5100	2×5950	2×6800	2×7650	2×8500
−23.33～−11.23	0	0	0	0	0.1	2.4	5.7	7.4	12.3
−32.43～−23.33	25.9	41.9	58.0	66.6	76.9	85.7	94.0	106.7	113.1
−36.43～−32.43	73.3	108.9	144.0	137.2	137.6	130.6	123.8	145.2	166.0
−38.581～−36.43	2.3	4.5	5.4	74.1	119.3	173.2	228.1	240.6	253.0

注:计算桩侧摩阻力时扣除了桩身有效容重

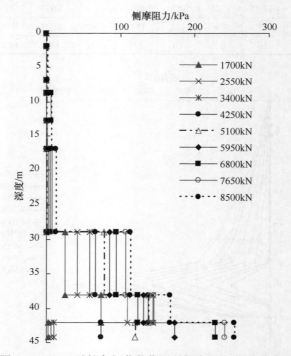

图8.7　35-4♯试桩各级荷载作用下侧摩阻力-深度分布图

2. 35-4♯桩桩侧阻力与桩端阻力

上段桩各岩土层的实测侧摩阻力为负侧摩阻力,综合考虑地质报告和施工因素,根据荷载箱以上桩段桩周各岩土层正负侧摩阻力转换系数,修正后可得到传统加载方式下试桩桩周各岩土层的侧摩阻力值。实测试桩桩周岩土层侧摩阻力值与修正后的地层参数值比较列于表 8.10。

表 8.10 35-4♯试桩实测侧摩阻力值

土层名称	标高/m	侧摩阻力实测值*/kPa	修正后/kPa
细砂	−7.13～−3.13	6.8	9.7
砾砂	−11.23～−7.13	6.1	8.7
圆砾	−23.33～−11.23	12.3	16.4
卵石	−32.43～−23.33	113.1	150.8
溶洞	−36.43～−32.43	166.0	166.0
中风化灰岩	−38.581～−36.43	253.0	253.0

*表中所列为部分岩土层在最大试验荷载作用下的侧摩阻力实测值

由实测的桩端轴力数据计算得到实测试桩最大的桩端单位面积阻力为662kPa。根据荷载箱向下位移,并考虑桩身压缩,计算得到各级荷载作用下的桩端位移(沉降)。试桩各级荷载下的桩端阻力变化如图 8.8 所示。

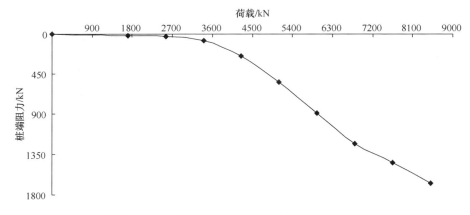

图 8.8 35-4♯试桩各级荷载下的桩端阻力变化图

3. 35-4♯桩极限承载力的确定

1) 按《基桩静载试验自平衡法》中公式计算
由图 8.1 的自平衡试验分段 Q-S 曲线以及对试验数据的分析可知,试桩的上段、下段加载极限值大于 8500kN；考虑理论桩顶以上重量，荷载箱以上桩段重量约 1562kN，根据该试桩桩周各岩土层性质和规范关于不同岩土层的转换系数的规定，考虑各土层的加权平均值后修正系数取为 0.75，按式(8.1)可得

$$P_u = \frac{Q_{uu} - W}{\gamma} + Q_{lu} = \frac{8500 - 1562}{0.75} + 8500 = 17750(\text{kN})$$

则按规范公式法确定的该桩的极限承载力为 17750kN。

2）按简化的等效转换曲线确定

根据等效转换原则将实测分段 $Q\text{-}S$ 曲线转换至桩顶加载方式下的单一 $Q\text{-}S$ 曲线，见表 8.11 及图 8.9。实测转换得到的最大桩顶荷载为 15549kN，对应的桩顶沉降为 6.49mm。

表 8.11　35-4♯试桩简化等效转换数据

桩顶荷载/kN	桩顶沉降/mm
2061	1.13
3634	1.73
5463	2.41
7215	3.06
9366	3.86
12220	4.95
14004	5.74
15549	6.49

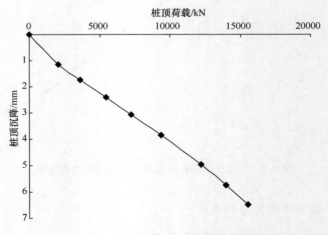

图 8.9　35-4♯试桩简化等效转换曲线

3）按精确转换方法确定

根据自平衡现场测试数据，按第六点所示的精确转换方法进行分析计算，将自平衡加载方式下的数据转换为桩顶加载方式下的荷载-沉降关系，如表 8.12 和图 8.10 所示。根据精确转换后的数据和荷载-沉降关系曲线，得到转换后的最大桩顶荷载为 19207kN，对应的桩顶沉降为 8.10mm。

表 8.12　35-4♯试桩自平衡加载转换数据

桩顶荷载/kN	桩顶沉降/mm
6757	2.62
8113	3.20
9391	3.68
10787	4.29
12210	4.88
13845	5.76
15880	6.54
17773	7.40
19207	8.10

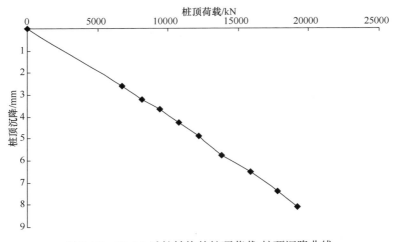

图 8.10　35-4♯试桩转换的桩顶荷载-桩顶沉降曲线

在传统的桩顶荷载作用下，桩侧总阻力和桩端阻力随桩顶荷载的变化见表 8.13 和图 8.11。在桩顶刚开始加载时，荷载主要由桩侧阻力承担；桩顶荷载为 19207kN 时，桩端阻力占总荷载的 8.8%；在桩顶荷载达到 2 倍单桩设计承载力 2×8500kN 时，桩端阻力约占总荷载的 8.0%。根据给出的实测转换桩顶荷载下桩端阻力和桩侧总阻力的分担比例可以看出，桩端阻力占桩顶荷载比例随着桩顶荷载的增加是逐步增加的，在桩顶荷载较小时，大部分荷载主要由桩侧阻力来承担。

表 8.13　　35-4♯试桩桩端阻力及桩侧总阻力分担比例表

①等效桩顶荷载/kN	②桩端阻力/kN	③桩侧总阻力/kN	$\dfrac{②}{①}$
6757	16	6741	0.2%
8113	31	8098	0.4%
9391	78	9376	0.8%
10787	246	10539	2.3%
12210	537	11668	4.4%
13845	890	12948	6.4%
15880	1226	14643	7.7%
17773	1440	16321	8.1%
19207	1669	17524	8.7%

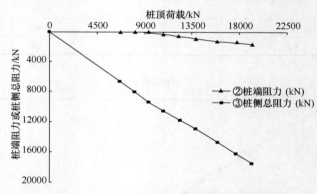

图 8.11　　35-4♯试桩桩端阻力与桩侧总阻力变化图

4）试桩极限承载力确定

通过对自平衡法试桩试验实测数据的整理分析,分别用规范中的公式法、简化转换法和精确转换法得到了试桩的承载力值。同时运用简化转换方法和精确转换方法得到了试桩桩顶加载方式下的荷载-沉降数据和相应的 Q-S 曲线(缓变型)。

根据试验情况,参考《公路桥涵施工技术规范》(JTG/T F50—2011)和《建筑基桩检测技术规范》(JGJ 106—2014)中关于单桩极限承载力取值的相关规定,确定试桩的极限承载力取值,试桩极限承载力以精确转换法的结果为准。根据《公路桥涵施工技术规范》(JTG/T F50—2011)和《建筑桩基检测技术规范》(JGJ 106—2014)之规定,当判定桩的竖向抗压承载力未达到极限时,桩的竖向抗压极限承载力取最大试验荷载值,因此 35-4♯试桩的单桩极限承载力推荐值取为 19200kN,对应的桩顶沉降 8.10mm;在桩顶荷载达到 2 倍单桩设计容许承载力 2×8500kN 时对应的桩顶沉降为 6.90mm。

4. 36-3♯桩试验情况及测试数据分析

1) 试验过程及试桩分段 Q-S 曲线

36-3♯试桩现场试验于 2012 年 4 月 23 日开始,4 月 24 日结束。试验过程顺利,当加载至 2×8500kN 时,荷载箱向上位移为 1.24mm,向下位移为 1.85mm。达到预定的最大试验加载量,满足试验终止加载的条件,按照既定的程序转为卸载。

自平衡测试各级荷载下的位移数据及分段 Q-S 曲线见表 8.14 和图 8.12。

表 8.14　36-3♯试桩自平衡试验汇总表

阶段		荷载/kN	位移/mm	
			向上	向下
加载	1	0	0	0
	2	2×1700	0.00	0.06
	3	2×2550	0.12	0.10
	4	2×3400	0.35	0.32
	5	2×4250	0.49	0.46
	6	2×5100	0.59	0.65
	7	2×5950	0.73	0.88
	8	2×6800	0.89	1.16
	9	2×7650	1.07	1.55
	10	2×8500	1.24	1.85
卸载	1	2×5950	1.19	1.73
	2	2×3400	1.10	1.37
	3	2×850	0.83	1.12
	4	0	0.58	0.55

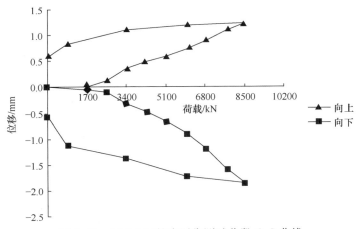

图 8.12　36-3♯试桩自平衡测试分段 Q-S 曲线

2）自平衡试验位移数据分析

根据实测的位移值，可以得到上、下段桩的桩土体系弹性变形值，详见表 8.15。

表 8.15　36-3♯试桩试验位移数据分析表

最终加载值 /kN	荷载箱向上 位移/mm	向上残余 位移/mm	上段桩土体系 弹性变形/mm	荷载箱向下 位移/mm	向下残余 位移/mm	下段桩土体系 弹性变形/mm
2×8500	1.24	0.58	0.66	1.85	0.55	1.30

3）试桩轴力及轴力分布图

由于桩侧阻力的作用，桩身轴力随着距桩身截面至荷载箱的距离的增加而减小。上段桩桩身轴力自荷载箱处向桩顶逐渐递减；下段桩桩身轴力自荷载箱向桩端递减。试桩在自平衡法测试各级荷载作用下的轴力及轴力-深度分布见表 8.16 和图 8.13。

表 8.16　36-3♯试桩各级荷载作用下轴力数据表

轴力/kN　荷载/kN 　标高/m	2×1700	2×2550	2×3400	2×4250	2×5100	2×5950	2×6800	2×7650	2×8500
3.56	7	8	56	96	137	211	216	240	313
0.46	10	13	93	160	233	310	429	537	636
−6.54	12	15	213	347	506	698	916	1174	1370
−9.54	14	20	261	421	624	841	1116	1433	1693
−12.54	15	29	293	480	686	949	1226	1579	1855
−15.54	16	38	363	596	853	1169	1534	2001	2305
−29.34	31	194	1368	2062	2691	3380	4116	4874	5303
−32.04	1700	2550	3400	4250	5100	5950	6800	7650	8500
−36.34	237	640	1227	2029	2763	3584	4432	5345	5767
−37.1	114	200	449	758	1023	1317	1588	1782	1962

4）试桩桩周各岩土层分层侧摩阻力及其分布

随着荷载的增加，桩身位移量和压缩量增大，桩侧摩阻力随之调动起来，靠近荷载箱的岩土层侧摩阻力首先发挥作用，然后远离荷载箱的土层侧摩阻力逐渐发挥作用。试验时荷载箱向上、向下的位移比较小，由试验荷载-位移关系曲线可知，桩周岩土层侧摩阻力未能得到充分激发。根据实测试桩的桩身轴力，计算得到试桩在各级荷载作用下桩侧岩土层的实测阻力值见表 8.17，侧摩阻力随深度的分布如图 8.14 所示，图中深度以桩顶标高为起点向桩底计算。

表 8.17　36-3♯试桩各级荷载作用下部分土层分层有效侧摩阻力数据表

侧摩阻力/kPa　荷载/kN　标高/m	2×1700	2×2550	2×3400	2×4250	2×5100	2×5950	2×6800	2×7650	2×8500
−15.54～−12.54	−6.7	−6.2	−2.6	0.1	3.1	6.2	11.4	18.1	19.8
−29.34～−15.54	−6.5	−0.9	6.1	12.0	16.8	21.6	26.3	30.1	31.7
−32.04～−29.34	102.5	127.9	126.3	136.6	151.0	161.6	169.1	175.1	202.6
−36.34～−32.04	60.1	78.6	89.4	91.3	96.1	97.3	97.4	94.8	112.4
−37.208～−36.34	28.8	102.2	181.0	295.9	404.8	527.5	661.8	829.1	885.3

注:计算桩侧摩阻力时扣除了桩身有效重度

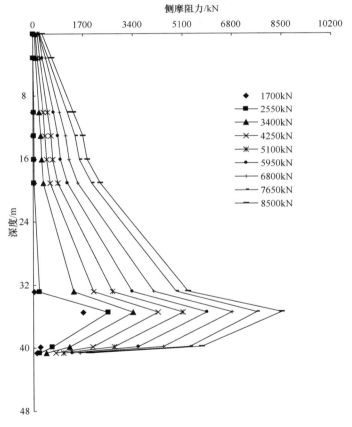

图 8.13　36-3♯试桩各级荷载作用下侧摩阻力-深度分布图

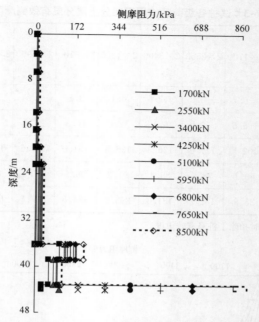

图 8.14 36-3♯试桩各级荷载作用下侧摩阻力-深度分布图

5. 36-3♯桩桩侧摩阻力与桩端阻力

上段桩各岩土层的实测侧摩阻力为负侧摩阻力,综合考虑地质报告和施工因素,根据荷载箱以上桩段桩周各岩土层正负侧摩阻力转换系数,修正后可得到传统加载方式下试桩桩周各岩土层的侧摩阻力值。实测试桩桩周岩土层侧摩阻力值与修正后的地层参数值比较列于表 8.18。

表 8.18 36-3♯试桩实测摩侧阻力值

土层名称	标高/m	侧摩阻力实测值*/kPa	修正后/kPa
细砂	0.46~3.56	11.7	16.7
粗砂	−6.54~0.46	11.8	16.9
淤泥质粉质黏土	−9.54~−6.54	5.2	6.5
中砂	−12.54~−9.54	9.9	14.1
砾砂	−15.54~−12.54	19.8	28.2
卵石	−29.34~−15.54	31.7	42.2
中风化灰岩	−32.04~−29.34	202.6	202.6
溶洞	−36.34~−32.04	112.4	112.4
中风化灰岩	−37.208~−36.34	885.3	885.3

* 表中所列为部分岩土层在最大试验荷载作用下的侧摩阻力实测值

由实测的桩端轴力数据计算得到实测试桩最大的桩端单位面积阻力为771kPa。根据荷载箱向下位移，并考虑桩身压缩，计算得到各级荷载作用下的桩端位移（沉降）。试桩各级荷载下的桩端阻力变化如图 8.15 所示。

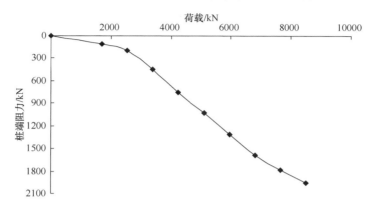

图 8.15　36-3♯试桩各级荷载下的桩端阻力变化图

6. 36-3♯桩极限承载力的确定

1）按《基桩静载试验自平衡法》中公式计算

由图 8.1 的自平衡试验分段 Q-S 曲线以及对试验数据的分析可知，试桩的上段、下段加载极限值大于 8500kN；考虑理论桩顶以上重量，荷载箱以上桩段重量约 1572kN，根据该试桩桩周各岩土层性质和规范关于不同岩土层的转换系数的规定，考虑各土层的加权平均值后修正系数取为 0.8，按式（8.1）可得

$$P_u = \frac{Q_{uu} - W}{\gamma} + Q_{lu} = \frac{8500 - 1572}{0.8} + 8500 = 17160 (\text{kN})$$

则按规范公式法确定的该桩的极限承载力为 17160kN。

2）按简化的等效转换曲线确定

根据等效转换原则将实测分段 Q-S 曲线转换至桩顶加载方式下的单一 Q-S 曲线，见表 8.19 及图 8.16。实测转换得到的最大桩顶荷载为 19099kN，对应的桩顶沉降为 8.49mm。

表 8.19　36-3♯试桩简化等效转换数据

桩顶荷载/kN	桩顶沉降/mm
2050	1.21
5529	2.47
7730	3.34

续表

桩顶荷载/kN	桩顶沉降/mm
10119	4.31
12492	5.32
14827	6.37
17278	7.55
19099	8.49

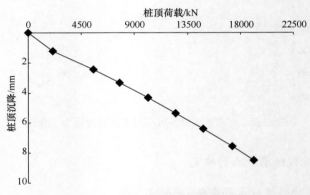

图 8.16　36-3♯试桩简化等效转换曲线

3）按精确转换方法确定

根据自平衡现场测试数据,按照精确转换方法进行分析计算,将自平衡加载方式下的数据转换为桩顶加载方式下的荷载-沉降关系,如表 8.20 和图 8.17 所示。根据精确转换后的数据和荷载-沉降关系曲线,得到转换后的最大桩顶荷载为20494kN,对应的桩顶沉降为 9.56mm。

表 8.20　36-3♯试桩自平衡加载转换数据

桩顶荷载/kN	桩顶沉降/mm
6717	2.60
7927	3.17
10348	4.26
11788	4.93
13639	5.83
15526	6.80
18186	8.23
19164	8.79
20494	9.56

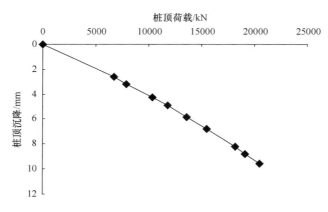

图 8.17　36-3♯试桩转换的桩顶荷载-桩顶沉降曲线

在传统的桩顶荷载作用下,桩侧总阻力和桩端阻力随桩顶荷载的变化见表 8.21 和图 8.18。在桩顶刚开始加载时,荷载主要由桩侧阻力承担;桩顶荷载为 20494kN 时,桩端阻力占总荷载的 9.58%。根据给出的实测转换桩顶荷载下桩端阻力和桩侧总阻力的分担比例可以看出,桩端阻力占桩顶荷载的比例随着桩顶荷载的增加是逐步增加的,在桩顶荷载较小时,大部分荷载主要由桩侧阻力来承担。

表 8.21　36-3♯试桩桩端阻力及桩侧总阻力分担比例表

①等效桩顶荷载/kN	②桩端阻力/kN	③桩侧总阻力/kN	$\dfrac{②}{①}$
6717	114	6603	1.69%
7927	200	7726	2.53%
10348	449	9898	4.34%
11788	758	11030	6.43%
13639	1023	12616	7.50%
15526	1317	14210	8.48%
18186	1588	16598	8.73%
19164	1782	17382	9.30%
20494	1962	18532	9.58%

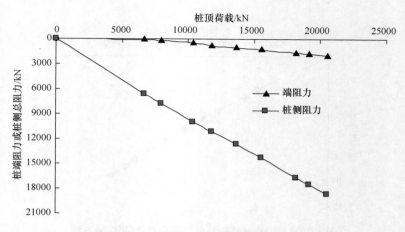

图 8.18　36-3♯试桩桩端阻力与桩侧总阻力变化图

4）试桩极限承载力确定

通过对自平衡法试桩试验实测数据的整理分析,分别用规范中的公式法、简化转换法和精确转换法得到了试桩的承载力值。同时运用简化转换方法和精确转换方法得到了试桩桩顶加载方式下的荷载-沉降数据和相应的 Q-S 曲线(缓变型)。

根据试验情况,参考《公路桥涵施工技术规范》(JTG/T F50—2011)和《建筑基桩检测技术规范》(JGJ 106—2003)中关于单桩极限承载力取值的相关规定,确定试桩的极限承载力取值,试桩极限承载力以精确转换法的结果为准。同时,根据上面两个规范的相关规定,当判定桩的竖向抗压承载力未达到极限时,桩的竖向抗压极限承载力取最大试验荷载值。因此,36-3♯试桩的单桩极限承载力推荐值取为20490kN,对应的桩顶沉降 9.56mm;在桩顶荷载达到 2 倍单桩设计容许承载力 $2×8500$kN时对应的桩顶沉降为 7.59mm。

8.3.2　实验结果总结和施工建议

通过对 35-4♯桩试验实测数据的整理分析,得到了试桩桩顶加载方式下的荷载-沉降数据;以精确转换法的结果为准,35-4♯试桩的试验实测极限承载力推荐值为 19200kN,36-3♯试桩的试验实测极限承载力推荐值为 20490kN。由实测的桩端轴力数据计算得到实测试桩 35-4♯桩最大的桩端单位面积阻力为 662kPa,实测 36-3♯试桩最大的桩端单位面积阻力为 771kPa。

基桩的施工过程质量控制是保证其承载力的关键,根据该工程地质条件及试桩情况,试桩检测单位提出如下几个方面的建议。

1. 泥浆的制备和指标的控制

成孔过程中的泥浆性能对成桩后基桩承载力有着较大的影响,建议按照设计规定和规范要求,结合本地区地质条件施工经验,控制泥浆各项指标,在不塌孔的情况下,尽量降低泥浆密度,以减少泥浆在孔壁的附着和孔底沉渣厚度。

2. 清孔

良好的泥浆指标是保证钻渣及时排出的前提,但终孔后的彻底清孔对于减少桩端沉渣厚度是非常关键的。在钢筋笼下放过程中孔内泥浆会停止循环,且历经相对较长的一段时间,因此钢筋笼下放后的二次清孔,对于减少孔底沉渣的厚度至关重要。若二次清孔不彻底,会在孔底产生较大的沉渣厚度;桩径也较大,混凝土浇筑时不易冲出,残留的大量沉渣在成桩后会严重影响桩端承载力,也会削弱桩端附近土层侧摩阻力的发挥。

综上,整个施工过程要严格按照相关要求,结合本地区地质条件,认真总结经验,根据实际,针对不同的地层情况选择合适的施工工艺和有效措施。从泥浆制备,钻孔和钻进过程泥浆指标的控制、清孔到成桩的各个环节都要严格把关,使施工过程尽可能符合设计的计算模式,才能使基桩施工后的实际承载力达到设计要求。

第 9 章　结论与建议

9.1　岩溶地区工程勘察

在广东岩溶的勘察方法中,勘察基本上是"三选一"＋钻探＋"二选一",其中"三"指"电法勘探、地震勘探、地质雷达","二"指"管波探测法、层析成像技术",如何选择,那只能根据具体的情况具体选择。在大多情况下,建议采用"地质雷达＋钻探＋管波探测法"。

9.2　溶洞顶板稳定性

根据岩溶顶板的形状及裂隙发育程度将其简化为固支圆板模型、简支圆板模型、固支矩形板模型、简支矩形板模型四种。采用 Hoek-Brown 准则来判断计算岩溶顶板稳定性问题是可行的,也是比较准确的。数值模拟与理论计算之间的差异,主要体现在以下三个方面:

(1) 数值模型与理论简化的模型之间存在一定的差异性,理论计算模型比较简单,仅仅考虑弹性阶段,也没有考虑顶板边缘岩体的围压作用,因此在计算上是偏保守的,故得出的顶板厚度要比数值模拟计算得大。

(2) 理论计算时假定顶板为薄板模型,当顶板厚度达到一定数值时,顶板已经不能够视为薄板,所以由此计算出来的结果会与数值模拟结果有一定的差别。

(3) 在理论计算时,按照规范来选取桩的侧摩阻力,这样选取会使理论计算比较简单方便,但是与实际情况和数值模拟的情况会有一定的出入,故会影响最后的计算结果。

不同的简化模型和不同的约束条件对顶板的稳定性有较大的影响,顶板固支模型和顶板简支模型分别是理想状态下,代表了顶板承载能力的上限和下限(不考虑顶板内部的裂隙),实际工程中不会出现如此理想的情况,故在实际工程计算中,应根据实际勘察资料,选择符合实际情况的简化模型,以求计算的准确性。

9.3　岩溶地区桩基承载特性

(1) 区别于完好持力层桩基体系,对于持力层下存在溶洞时,桩基承载力极限状态主要依赖于溶洞顶板的极限状态。由于溶洞的存在,桩基位移沉降速度会加快,桩周土将会很快达到极限侧摩阻力。而对于桩端的持力层,在岩石到达其屈服强度前,溶洞顶板将会提早破坏,其主要破坏形式为顶板的冲切破坏,即溶洞顶板引桩端应力扩散角呈剪切破坏。因此,在确定桩基承载力极限状态时,可以通过对不同加载时,桩端到溶洞顶板间持力层的塑性区状态以及塑性区连通性来判断桩基的承载力极限状态。

(2) 当顶板厚度较小时(小于或等于 $1d$)时,顶板抗冲切力很小,当桩土相对滑移距离很小,未能达到桩侧摩阻力完全发挥的最小相对滑移距离,顶板就发生破坏了。因此,桩侧摩阻力没有完全发挥。当顶板厚度增加到 $3d$ 时,顶板的抗冲切能力显著提高,同时也能达到桩土侧摩阻力发挥所需的相对滑移距离。因此,当顶板厚度达到 $3d$ 时侧摩阻力可以完全发挥,当顶板厚度增加到 $3d$ 以上时桩侧摩阻力并不会再增加,但是桩端阻力会显著提高,因此总体的极限承载力会显著提高。

(3) 桩侧摩阻力是桩极限承载力的重要部分,特别对于桩长较长的桩,侧摩阻力占桩极限承载力的 70% 以上。因此桩侧摩阻力的完全发挥至关重要,而桩侧摩阻力的发挥强烈地依赖于桩土的相对滑移距离的大小。因此,在保证桩端承载力不变的情况下,如何提高桩土的相对滑移距离成为考虑的重要问题。对于桩长较短的端承桩,桩端的少量沉渣反而能起到有利作用。适当调整桩体的刚度也能有效地增加桩土相对滑移距离。

(4) 当溶洞跨度小于 $8d$ 时,顶板的主要破坏形式是桩端对顶板的冲切破坏,因此虽然洞跨一直在增加,但顶板的抗冲切力却基本没有变化,因此当洞跨从 $2d$ 增加到 $6d$ 时桩基极限承载力变化不大。但当洞跨为 $1d$ 时,溶洞位于桩端应力扩散角以内,冲切效果不明显。同时溶洞受力状态变成了受均匀围压效果,难以破坏,因此此时溶洞的存在对桩基极限承载力的影响很小。

(5) 顶板厚度一定的情况下,当洞跨从 $2d$ 增大到 $6d$ 时,桩土相对滑移距离变化不大,桩侧摩阻力变化也不大,且侧摩阻力基本完全发挥。桩端阻力有略微的减小,但变化也可忽略。因此对于桩的极限承载力变化也不大。但洞跨从 $1d$ 增大到 $2d$ 时,除桩侧摩阻力外,各项参数都发生了巨大的变化,桩端阻力大大地降低,整体极限承载力也大大降低。

(6) 溶洞跨度对桩基极限承载力的影响存在一个临界值,当跨度超过临界值时桩基的极限承载力会急剧下降,此临界值应该受顶板厚度和桩端应力扩散角的制约。临界跨度 $l_{cr} = d + 2h\tan\varphi$($d$ 为桩径,h 为顶板厚度,φ 为应力扩散角)。因此在溶洞较小的情况下,合理地调整桩径,或者采用桩端的扩大头设计将会很好的提高桩基的极限承载力。

(7) 当溶洞洞高从 $0.5d$ 增加到 $5d$,桩身侧摩阻力和桩端承载力都有微小变化,总体呈下降的趋势,整个过程中桩基极限承载力下降不到 2MPa。在岩溶地区桩基设计中可以忽略洞高对桩基极限承载力的影响。从溶洞最大主应力分布可看出,当溶洞洞高较小时,洞体应力越集中,侧壁对洞顶的支撑作用力越大,因此溶洞顶板的承载力相应有所提高。不过这种效应并不是所有情况下都利于桩基承载力的增强,所以设计可不考虑洞高影响。

(8) 对于规则形态的溶洞,如理想化的立方体溶洞,洞高的变化对桩基极限承载力没有影响。因此,有人提出用高跨比系数 $\partial = l/H$(l 为溶洞跨度,H 为溶洞高度)作为影响桩基承载力的一个因素是不科学的。但应该注意的是洞高对桩基极限承载力的影响强烈地依赖于溶洞的形态特征,如最为普遍的椭球形,当洞高很小时,洞体边缘形成很小的夹角,在桩端力的作用下,应力集中效应很明显,溶洞边缘成为薄弱区,容易出现脆裂破坏。因此洞高影响因素不能一概而论。

(9) 当溶洞跨度为 $6d$ 时,当偏心距离在 $0\sim 3d$ 范围内时,桩基的各项承载力特性参数都没有太大变化,同时桩侧摩阻力也基本完全发挥。当偏心距离达到 $4d$ 时,随着偏心距离的增加,桩基极限承载力显著提高,主要表现为其端承力大大增加。当溶洞中心偏离桩基轴线距离大于 $3d$ 时,此时溶洞的洞壁位于桩端应力扩散角外,因此桩端承力在向下扩散时,主要由基岩承担,而作用在溶洞顶板的压应力显著减少,因此溶洞破坏不明显。当偏心距离达到 $5d$ 以上时,可以基本不用考虑溶洞对桩基极限承载力的影响。因此在实际工程中对于桩基的合理定位和桩端周围的溶洞进行选择性的压浆处理,将会有效地提高桩基的极限承载力。

(10) 当偏心位置大于某个临界值时,溶洞对桩基的极限承载力影响很小。临界偏心距离为:$\Delta l_{cl} = \dfrac{1}{2}(d+l) + \beta h \tan\varphi$($d$ 为桩径,l 为溶洞跨度,β 为溶洞形态调整系数,h 为顶板厚度,φ 为岩石应力扩散角)。

(11) 当桩端持力层完好时:①随着嵌岩深度的增加,桩端侧摩阻力随之增加,桩端承力随之减小。当嵌岩深度达到 $5d$ 时,桩体的侧摩阻力占桩基极限承载力的主要部分。②当 $E_岩/E_土 \geq 100$ 时,嵌岩深度宜取 $0.5d\sim 2d$;当 $100 > E_岩/E_土 \geq 20$ 时,嵌岩深度宜取 $2d\sim 3d$;当 $E_岩/E_土 < 20$,嵌岩深度宜取 $3d\sim 6d$。③在桩端沉渣较厚的情况应在设计的基础上适当减小嵌岩深度。④当泥皮、岩层裂隙影响较大时,宜适当增加桩端嵌岩深度。

(12) 由于岩石(特别对于岩质较好的硬岩)的弹性模量很大,桩岩很小的相对滑移量($1\sim 3mm$)便能使桩岩段的侧摩阻力完全发挥。同时在不考虑沉渣影响的条件下桩端对岩石很小压缩量也能使岩石的端承力得到发挥。

(13) 要绝对避免嵌岩深度 $5d$,顶板厚度 $1d$ 工况的发生。此工况下,溶洞顶板厚度太薄,在桩身位移沉降很靠下时,顶板随即破坏。虽然嵌岩深度很大,但却不能完全发挥极限侧摩阻力。因此应绝对避免这种情况的发生。

(14) 端承桩的设计中永远不能忘记如何有效地提高桩端承载力,特别对于桩长小于 40m 的情况。当嵌岩深度的增加,嵌岩段的总侧摩阻力增加的斜率远远小于其桩端承载力下降的斜率;同时随着嵌岩深度的增加,嵌岩段的平均侧摩阻力也有下降的趋势。因此,盲目地增加桩端的嵌岩深度是不可取的,也是不符合工程要求的。

(15) 当"嵌岩深度+顶板厚度≤6d"时,应按双制约因素考虑。在保证溶洞顶板厚度达到 3d 以上的情况下,根据地质条件、上部荷载情况、工程施工难度来确定桩端嵌岩深度。

9.4　岩溶地区端承桩设计建议

(1) 岩溶地区端承型桩基选形以圆形截面桩为主,技术支持条件下宜采用"糖葫芦"形变截面桩、螺旋形截面桩、桩端扩大头桩。

(2) 岩溶地区端承桩桩基桩径应根据设计承载力确定,并兼顾桩端持力层溶洞影响。当顶板跨度不大(<8d)时,桩径宜取 $d \geqslant l - 2h\tan\theta$($l$ 为顶板跨度,h 为顶板厚度,θ 为岩石应力扩散角)。

(3) 岩溶地区端承桩桩长设计应根据地质条件确定。当完整基岩厚度小于 3 倍桩径,基岩裂隙发育时,桩端应穿越溶洞进入下层基岩。

(4) 岩溶地区端承桩以端承摩擦型桩为主,端承力占桩基承载力的很大部分,桩端下顶板厚度应大于 3d 且不小于 4m,当顶板厚度在临界值附近时,应对顶板进行注浆加固。

(5) 当桩端下溶洞很小,顶板跨度小于临界跨度 $l_{cr} = d + 2h\tan\varphi$($d$ 为桩径,h 为顶板厚度,φ 为应力扩散角)时,可不用考虑溶洞对桩基承载力的影响,但顶板厚度必须大于 1.5d 且不小于 2m。

(6) 当桩端下溶洞中心偏离桩轴线横向距离大于临界横向偏心距离为:$\Delta l_{cl} = \frac{1}{2}(d+l) + \beta h\tan\varphi$($d$ 为桩径,l 为溶洞跨度,β 为溶洞形态调整系数,h 为顶板厚度,φ 为岩石应力扩散角)时可不考虑溶洞对桩基承载力的影响,但应对溶洞边侧壁加固,防止注浆压力击穿溶洞侧壁。

(7) 设计中可不考虑溶洞高对桩基承载力的影响,但应避免不规则形溶洞在受力作用下的应力集中效应,当溶洞形态复杂时,可对部分溶洞压浆处理。

(8) 岩溶地区端承桩嵌岩深度确定应遵循"宜浅不宜深,优先保证顶板安全厚度"的原则。嵌岩深度可根据基岩的特点(裂隙节理、岩溶发育程度、岩性、厚度等)在 1d~3d 范围内取最优化值。

(9) 尽量减小泥皮的不良影响,当顶板厚度接近临界值时,可适当保留桩底一部分沉渣,发挥最大的桩身侧摩阻力,减小桩端承力。特别的对于长度小于 30m 的短桩时,应考虑桩侧摩阻力的发挥情况。

（10）对于江海工程，若上覆盖层为较厚的淤泥质土，土性较差，应适当地增加桩端嵌岩厚度，宜取 $3d\sim6d$，一方面保证嵌岩段的侧摩阻力，另一方面有效地提高桩基的抗倾覆能力，减少桩基的偏位。

9.5　岩溶不良地质现象处置技术

9.5.1　表层土洞处理方法

（1）钢护筒跟进法是处置浅层溶洞，特别是土洞的主要方法。

（2）对基桩处于单层或层数不多浅层溶洞区且洞高小于 3m 的浅层溶洞，当钻孔至距溶洞顶 1m 左右时，应减小冲程，通过短冲程快速冲击方式逐渐将洞顶击穿，防止因冲程过大导致卡钻。

（3）在钻至地表以下、地下水位以上范围内的浅层溶洞顶前，预先准备充足的小片石（片石直径为 10～20cm）、黏土（黏土做成球状或饼状，直径为 15～20cm）和水泥。根据溶洞的大小，回填片石和黏土的混合物，进行反复冲砸补漏，片石和黏土混合物的比例为 4∶1。

（4）土洞以外 10m 范围以内有重要构筑物时，土洞体积较大，且具有一定的连通性，为保证周围构筑物的安全性，应对土洞进行预处理。

（5）对浅埋的岩溶土洞，可将其挖开或爆破揭顶，如洞内有塌陷松软土体，应将其挖除，再以块石、片石、砂等填入，然后覆盖黏性土并夯实，再行施工。

（6）埋深在 10m 以内洞体较小、空洞或半充填溶洞可采用挖孔桩施工工艺成孔。

（7）当使用冲击钻机钻孔时，钢护筒内径应比钻头直径大 40cm；护筒厚度保证 $1/150d\sim1/130d$，且不少于 10mm；护筒顶面宜高出施工水位或地下水位 2m，还应满足孔内泥浆面的高度要求，在旱地或筑岛时还应高出施工地面 0.5m。

（8）钢护筒入土深度宜控制在 10～15m 以保护软弱覆盖层。当表层土层较软弱且溶洞发育强烈时，钢护筒应全面入岩，且不允许落在倾斜岩面上；若下层土层较坚硬密实，且无溶洞发育，钢护筒应进入该密实土层至少 0.5m。

（9）钢护筒跟进方法应采用分段驳接振入法，即边成孔边用振动锤振入驳接加长钢护筒，或在确定进入岩面时，直接从孔顶驳入护筒。同时节段间的焊接应密实，不漏水。

（10）护筒顶面中心与设计桩位偏差不得大于 5cm，倾斜度不得大于 1%。

9.5.2　深部溶洞处理方法

1. 埋深大于 10m 且洞高小于 5m 的溶洞

（1）溶洞为单个情况下，可以采用片石加黏土的反复冲孔，或灌注一定的低标号混凝土,然后进行冲孔。

（2）串珠状溶洞情况下,可提前在桩基中心周边 0.5～1.0m 的范围内采用溶洞压浆技术或旋喷帷幕施工工艺。

2. 埋深大于 10m 且洞高大于 5m 的溶洞

（1）在有充填物情况下,抛填片石与黏土。当充填物为石质时,回填物以填土为主;当充填物为土时,回填物以片石为主。如果漏浆情况严重,抛填片石、黏土、水泥至孔底,并灌注 C20 水下混凝土加固孔壁。

（2）在单个溶洞无充填物情况下,可回填片石和黏土,以片石为主,或填充砼、压浆。

（3）串珠状溶洞或空洞洞高超过 8m 的情况下,可提前在桩基中心周边 0.5～1.0m 的范围内采用溶洞压浆技术或旋喷帷幕施工工艺。

9.5.3　溶洞预处理方法

对于地质资料明确且溶洞大小、分布较为明确的情况下,如果持力层附近溶洞发育丰富,且对桩基的承载力影响明显,应对溶洞进行预处理。目前溶洞预处理技术主要有静压注浆技术和溶洞压浆技术。溶洞预处理是为了保证桩基成孔施工的安全性和桩基承载力的发挥。

1. 静压注浆技术

（1）河漫滩地存在较厚的细砂层,表层松散不稳定且渗透性强。对于此类地质条件,宜在施工前对桩周覆盖层进行静压注浆处理以确保施工的顺利进行。

（2）每个桩基周边应均匀布置 8 个钻探及注浆孔,注浆范围为岩面至护筒脚以上 5m 左右。静压注浆宜采用套管法注浆,即采用 $\phi127$mm 套管打至护筒脚上 5m 左右,注浆压力为 0.5～1.0MPa,水灰比为 1∶1。

2. 溶洞压浆技术

（1）持力层溶洞发育多表现为串状溶洞和连通性溶洞,当溶洞顶板被冲破时,极易出现掉钻、卡钻、迅速漏浆,严重时出现大范围地面塌陷现象。为了保证工程质量顺利终孔,冲孔前宜对深层溶洞进行压浆处理。

（2）压浆套管应位于溶洞底板以上 1m 左右。

（3）当溶洞高度小于 2m 时,宜压注砂浆,其配合比为 R42.5 水泥∶粉煤灰∶砂∶水∶减水剂＝300∶130∶1580∶270∶8.5。灌注施工自下而上分段进行,分段以套管节长为单位,段长以 2.0～3.0m 为宜,向上起出一段套管则灌注一段,直至设计顶面深度。当基岩岩溶、溶洞灌浆孔泵送压力达 13～15MPa 时可终止压浆。

（4）当溶洞高度大于 2m 时，宜压小碎石混凝土，小碎石混凝土配合比为 $R42.5$ 水泥：粉煤灰：水：砂：碎石：减水剂＝180：200：220：840：990：6.86。压浆使用地泵进行泵送，采用自下而上，分段进行灌注，泵送压力为 13～15MPa，当孔口返浆时即可停止压浆。

（5）当溶洞体积较小，且洞内存在一定的充填物（卵石、碎石、黏土等），宜注压水泥浆。

3. 旋喷帷幕技术

当基岩存在填充的大溶洞时，溶洞裂隙发育强烈，透水性强，冲孔前溶洞内可进行旋喷，在空气中形成止水帷幕以便后继施工，旋喷浆液中应加入水玻璃，比例为 5%，按 50cm 作用影响范围进行旋喷。

9.5.4　溶洞多发事故应急处理措施

（1）为了保证施工的安全性和经济效益的最大化，原则上对于桩端下 $3d$ 范围内存在洞高大于 10m 的溶洞时，应主动避让，修改局部设计方案，综合评价各个方案的变更造价和施工安全性，以工程质量和施工安全为中心点，并兼顾经济效益。

（2）当钻头到达溶洞顶板以上 1m 左右时，应减小冲程，通过短冲程、快频率的冲击方法逐渐将洞顶击穿。对于表层的土洞，当顶板击穿时，先迅速提钻，避免卡钻和掉钻；再观察孔内泥浆面的变化，一旦出现漏浆的情况应迅速补水，并投入片石和黏土的混合物，其比例为 4：1，待泥浆面稳定后再进行施工。

（3）当钻头进入基岩位置时，基岩表层一般发育不规则，特别是溶槽、半边溶蚀发育强烈。当出现偏孔和卡钻现象时，应慢速提拉钻头，并投入一定量的小片石或卵石，并用小冲程冲平基岩表面，待孔底平整密实后再进行后续施工，直到终孔。

（4）当基岩裂隙发育强烈，地下水渗流明显时，容易出现缓慢跑浆、反清水等现象。施工人员应密切关注泥浆面的变化，当出现跑浆情况时应投入适量的小片石封堵裂隙以稳定泥浆面，并随时检测泥浆的物理性能指标和化学性质，防止出现泥浆离析的现象。

（5）对于基岩以下的溶洞，当桩端要穿越溶洞时，施工前应对溶洞进行压浆处理。当钻头到达溶洞顶板以上 1m 左右时，应适当减小冲程，通过短冲程、快频率的冲击方法逐渐将洞顶击穿。当顶板击穿时，先迅速提钻，避免卡钻和掉钻；一旦出现漏浆的情况应迅速补水，并投入片石和黏土混合物，其比例为 4：1，待泥浆面稳定后再进行施工。

（6）溶洞顶板被击穿后，当发现孔内水头迅速下降，护筒也伴随下沉。操作员应立即提起钻头,如果发现地面出现裂缝并有下沉迹象时,应立即组织在场施工人员撤离到安全地方,待地面下沉稳定后再行处理。

9.5.5　溶洞后处理技术

(1)溶洞后处理技术应以成孔后和成桩后的各项监测数据为依据,目的是为了保证桩基的工程质量和桩基极限承载力的提高。

(2)终孔后应对已成孔的中心位置、孔深、孔径、垂直度、孔底沉渣厚度进行检验;在钻孔的过程中如果出现处理漏浆时间长或塌孔现象时,应对泥皮厚度进行检验。当各项指标达到要求时方可浇筑混凝土成桩。泥皮厚度超过要求值时可采用成桩后对桩周进行筑浆处理来增强桩周侧摩阻力。

(3)当桩端持力层岩层裂隙发育强烈,且桩端持力层顶板厚度比要求设计厚度薄时,应对持力层进行桩端后注浆处理。

(4)桩端后注浆处理应在下钢筋笼时预埋注浆管,注浆管应穿过沉碴进入岩面。注浆量应结合桩端、桩侧土层类别、渗透性能、桩径、桩长、承载力增幅要求,以及沉渣施工工艺、上部结构荷载特点和设计要求等诸因素确定。

(5)桩端后注浆处理注浆压力应根据岩层裂隙发育情况而定,一般控制在 5～10MPa。在桩端后注浆中,应以注浆量为主控因素,并以注浆压力为辅控因素。现场应做好注浆量-注浆压力的记录情况。

参 考 文 献

艾凯,王静.2003.岩溶地区桩基的有限元分析.岩土力学,24(增1):124-126.

蔡登山,王邦楣.2002.岩溶地区钻孔桩受力机理研究.桥梁建设,(6):16-19.

崔科宇,章敏,王星华.2010.嵌岩桩端极限承载力研究.中国铁道科学,31(2):2-5.

葛如冰.1997.高密度电阻率法在广东省工程勘察中的应用实例.物探与化探,21(5):377-381.

葛双成,邵长云.2005.岩溶勘察中的探地雷达技术及应用.地球物理学进展,(6):476-481.

龚成中,何春林.2006.岩溶地区桩基承载特性研究分析.世界桥梁,(4):47-50.

广东省建设厅.2003.《广东省建筑地基基础设计规范》DBJ 15-31-2003.

广东省交通厅.2000.《广东省桩基质量检测技术规定》.

何沛田,肖本职,吴相超.2008.地震勘探在渝黔高速公路中的应用.地下空间与工程学报,4(6):
    1011-1015.

胡德华,胡文军,胡国祥.2010.岩溶地区端承桩安全性理论分析与应用.路基工程,(3):23-26.

胡伟雄.2006.九洲江大桥桩基施工中溶洞的处理.施工技术,35(7):44-46.

胡晓光.1994.浅层地震在不同地区进行工程地质勘察的应用特点.物探与化探,18(4):
    281-288.

黄敦.2008.富湾特大桥溶洞桩基处理措施.山西建筑,34(23):333-335.

黄生根,龚维明.2004.苏通大桥一期超长大直径试桩承载特性分析.岩石力学与工程学报,
    23(19):3370-3375.

黄生根,梅世龙,龚维明.2004.南盘江特大桥岩溶桩基承载特性的试验研究.岩石力学与工程学
    报,23(5):809-813.

江苏省建设委员会.1999.《桩承载力自平衡测试技术规程》DB32/T 291-1999.

康厚荣,罗强,凌建明,等.2008.岩溶地区公路修筑理论与实践.北京:人民交通出版社.

孔位学,芮勇勤,董宝弟.2009.岩土材料在非关联流动法则下剪胀角选取探讨.岩土力学,
    30(11):3278-3282.

黎斌,范秋雁,秦凤荣.2002.岩溶地区溶洞顶板稳定性分析.岩土力学与工程学报,21(4):
    532-536.

李仁江,盛谦,张勇慧,等.2007.溶洞顶板极限承载力研究.岩土力学,28(8):1621-1630.

李学文.2006.管波探测法在广州地铁高架区间桥梁桩位勘察中的应用.广州建筑,(5):51-54.

林天健.1999.桩基础设计指南.北京:中国建筑工业出版社.

刘树亚,刘祖德.1999.端承桩理论研究和设计中的几个问题.岩土力学,20(4):87-92.

刘松玉,季鹏,韦杰.1998.大直径泥质软岩嵌岩灌注桩的荷载传递性状.岩土工程学报,20(4):
    58-61.

刘铁雄,彭振斌.2001.岩溶地区大直径灌注桩承载力试验研究.岩土工程界,4(10):47-49.

刘兴远,郑颖人.1998.关于端承桩理论研究的几点认识.岩土工程学报,(5):118-119.

刘之葵,梁金城,朱寿增,等.2003.岩溶区含溶洞岩石地基稳定性分析.岩土工程学报,25(5)：630-633.

吕福庆,吴文,姬晓辉.1996.端承桩静载试验结果的研究与讨论.岩土力学,17(1)：85-96.

骆正荣,裴修远,洪油然.2009.考虑负摩阻力因素的端承桩基在实例工程中的应用与实践.建筑结构,39：737-742.

明可前.1998.嵌岩桩受力机理分析.岩土力学,19(1)：65-69.

聂如松,冷伍明,李箐,等.2008.东江大桥端承桩承载性能试验研究.岩土工程学报,9(9)：1411-1415.

钱晓丽.2005.大直径桩基极限承载力的计算机模拟与统计分析.辽宁：辽宁工程科技大学硕士学位论文.

邱庆程,李伟和.2001.跨孔地震 CT 层析成像在岩溶勘察中的应用.物探与化探,25(3)：237-240.

任光勇,张忠苗.2004.一种既观测桩顶又观测桩端沉降的多参数静载荷试验方法.岩石力学与工程学报,23(3)：510-513.

铁摩辛柯,沃诺斯基.1977.板壳理论.北京：科学出版社.

王华牢,张鹏,李宁.2010.岩溶洞穴对嵌岩单桩承载力的影响研究.西安理工大学学报,26(1)：31-36.

王勇刚.2010.端承桩承载性状有限元分析.长江科学院院报,27(4)：45-48.

阳军生,张军,张起森,等.2004.溶洞上方圆形基础地基极限承载力有限元分析.岩石力学与工程学报,24(2)：296-301.

张豪,吴良木.2006.九洲江大桥溶洞桩基施工.公路,7(7)：345-347.

张建新,吴东云.2008.桩端阻力与桩侧阻力相互作用研究.岩土力学,29(2)：542-544.

张虎生,兰樟杉,张炎孙,等.2000.地质雷达在瑞金沙洲坝岩溶塌陷调查中的应用效果.物探与化探,24(6)：459-463.

赵明华,陈昌富,曹文贵,等.2003.嵌岩桩桩端岩层抗冲切安全厚度研究.湘潭矿业学院学报,18(4)：41-45.

赵明华,雷勇,刘晓明.2009.基于桩-岩结构面特性的端承桩荷载传递分析.岩石力学与工程学报,28(1)：104-110.

赵星光,蔡明,蔡美峰.2010.岩石剪胀角模型与验证.岩石力学与工程学报,29(5)：970-981.

中华人民共和国建设部.2011.《公路桥涵施工技术规范》JTJ 041—2011.

中华人民共和国建设部.2014.《建筑地基基础设计规范》GB 5007—2014.

中华人民共和国交通部.2007.《公路桥涵地基与基础设计规范》JTG D63—2007.

中华人民共和国交通部,中华人民共和国国家质量监督检验检疫总局.2001.《岩土工程勘察规范》GB 50021—2001.

朱元武,刘春香.2008.嵌岩桩在岩溶地区稳定性分析.西部探矿工程,(4)：10-12.

《钻孔灌注桩施工规程》中华人民共和国地质矿产行业标准 DZ/T 0155-95.

Ching J Y,Chen J R. 2010. Predicting displacement of augered cast-in-place piles based on load test database. Structural Safety,32：372-383.

Comodromos E M, Papadopoulou M C, Rentzeperis I K. 2009. Pile foundation analysis and design using experimental data and 3-D numerical analysis. Computers and Geotechnics, 36: 819-836.

Ho C E, Lim C H, Tan C G. 2002. Characteristics of bored piles installed through jet grout layer. Journal of performance of Constructed Facilities, 16: 160-168.

Hoek E, Brown E T. 1990. he Hoek-Brown failure criterion——A 1988 update. International Journal of Rock Mechanice and Mining Science, 27(3): 138.

Holl D L. 1936. Analysis of Thin Rectangular Plates Supported on Opposite Edges. Ames: Iowa State Collegse of Agriculture and Mechanic Arts. Iowa State University Press.

Kumar A, Walia B S. 2006. Bearing capacity of square footings on reinforced layered soil. Geotechnical and Geological Engineering, 24(4): 1001-1008.

Nia S H, Lehmannb L, Charngc J J, et al. 2006. Low-strain integrity testing of drilled piles with high slenderness ratio. Computers and Geotechnics, 33: 283-293.

Ooi P S K, Lin X B, Hamada H S. 2010. Numerical study of an integral abutment bridge supported on drilled shafts. Journal of Bridge Engineering, 15: 19-27.

Pells P J N, Turner R M. 1979. Elastic solutions for the design and analysis of rock-socketed piles. Canadian Geotechnical Journal, 16: 481-487.

Rao M V M S, Ramana Y V A. 1992. study of progressive failure of rock under cyclic loading by ultrasonic and AE monitoring techniques. Rock Mechanics and Rock Engineering, 25 (4): 237-251.

Seol H, Jeong S, Kim Y M. 2009. Load transfer analysis of rock-socketed drilled shafts by coupled soil resistance. Computers and Geotechnics, 36: 446-453.

Tan Y C, Chow C M. 2003. Design& construction of bored pile foundation. Ipoh, 9: 29-30.

Zhang L Y, Einstein H H. 1998. End bearing capacity of drilled shafts in rock. Journal of Geotechnical and Geoenvironmental Engineering, 124: 574-584.